高职高专机电类工学结合模式教材

MasterCAM应用教程

杨秀文 主编
曹智梅 副主编
姜海燕 郑绍芸 参编

清华大学出版社
北京

内 容 简 介

MasterCAM 是应用最广的 CAD/CAM 工作软件之一。本书基于 MasterCAM 9.1 的 Mill 模块,详细讲解了 MasterCAM 9.1 的 CAD 设计和铣削加工,具体包括二维绘图基础及三维线架构绘图、曲面造型设计、实体造型设计、三维曲线绘制设计、外形铣削、钻孔加工、挖槽加工、平面加工、曲面加工、实体验证、后处理程式等内容。本书以数控铣床为主,由浅入深,通过例题讲解命令,并配备大量的实例,克服目前市面上该类教材以讲解命令为主,缺少习题和练习的缺陷,为读者提供详细、易懂的 MasterCAM 9.1 软件教材。

本书不仅可作为高职高专院校机械类专业的教材,也可作为机械行业高级技工的培训教材和供机械行业的工程技术人员参考。

本书封面贴有清华大学出版社防伪标签,无标签者不得销售。
版权所有,侵权必究。举报: 010-62782989,beiqinquan@tup.tsinghua.edu.cn。

图书在版编目(CIP)数据

MasterCAM 应用教程/杨秀文主编. —北京: 清华大学出版社,2009.3(2024.8重印)
高职高专机电类工学结合模式教材
ISBN 978-7-302-19035-6

Ⅰ. M… Ⅱ. 杨… Ⅲ. 模具—计算机辅助设计—应用软件,MasterCAM—高等学校: 技术学校—教材 Ⅳ. TG76-39

中国版本图书馆 CIP 数据核字(2008)第 205911 号

责任编辑: 贺志洪
责任校对: 李 梅
责任印制: 丛怀宇

出版发行: 清华大学出版社
  网   址: https://www.tup.com.cn, https://www.wqxuetang.com
  地   址: 北京清华大学学研大厦 A 座   邮   编: 100084
  社 总 机: 010-83470000   邮   购: 010-62786544
  投稿与读者服务: 010-62776969, c-service@tup.tsinghua.edu.cn
  质量反馈: 010-62772015, zhiliang@tup.tsinghua.edu.cn
印 装 者: 三河市龙大印装有限公司
经   销: 全国新华书店
开   本: 185mm×260mm   印 张: 14   字 数: 321 千字
版   次: 2009 年 3 月第 1 版   印 次: 2024 年 8 月第 22 次印刷
定   价: 39.00 元

产品编号: 032148-03

前言

CAD/CAM 技术对工业界的影响有目共睹，它极大地促进了产品质量、生产效益的提高和设计制造成本的降低，从一定角度来说，它使设计和生产变得生动，大大减少了人们的重复和烦琐的简单劳动，使人能最大限度地运用自己的头脑来完成设计和生产工作，使设计和生产成为一种创造艺术品的过程。当前能进行 CAD/CAM 工作的软件已有很多，有不少软件的功能非常强大，MasterCAM 即是其中之一。在几种当前的热门软件中，MasterCAM 因其易学好用而成为装机率最高、使用最广的软件，广泛应用于机械、电子、模具、汽车、航空和造船等行业，尤其是模具制造业应用最多。

本书基于 MasterCAM 9.1 的 Mill 模块，详细讲解了 MasterCAM 9.1 的 CAD 设计和铣削加工，具体包括二维绘图基础及三维线架构绘图、曲面造型设计、实体造型设计、三维曲线绘制设计、外形铣削、钻孔加工、挖槽加工、平面加工、曲面加工、实体验证、后处理程式等内容。

本书由浅入深，通过例题讲解命令，覆盖该软件的主要命令、常用命令，并配备大量的实例，使读者在掌握基本技能的基础上逐步深化，达到举一反三、触类旁通的目的，克服了目前市面上该类教材以讲解命令为主，缺少习题和练习的缺陷，为读者提供详细、易懂的 MasterCAM 9.1 软件教材。本书不仅可作为大专院校机械类专业的教材，也可作为机械行业高级技工的培训教材和供机械行业的工程技术人员参考。

本书由广东松山职业技术学院的杨秀文、曹智梅、姜海燕、郑绍芸四位教师编写，由杨秀文任主编，曹智梅任副主编，本书绪论和第 1、2 章由杨秀文编写；第 3、4 章由姜海燕编写；第 5 章由曹智梅编写；第 6 章由郑绍芸编写。

由于编者水平有限，加上软件发展迅速，本书难免有不足之处，敬请读者提出宝贵意见。

编　者
2009 年 1 月

CONTENTS 目录

第1章 基础知识 ……………………………………………… 1
  1.1 MasterCAM 9.1 简介 ……………………………………… 1
    1.1.1 MasterCAM 9.1 的应用情况 …………………………… 1
    1.1.2 MasterCAM 9.1 的功能 ………………………………… 1
    1.1.3 MasterCAM 9.1 对硬件的要求及安装 ………………… 2
    1.1.4 MasterCAM 9.1 的工作窗口 …………………………… 3
  1.2 主功能表命令简介 ………………………………………… 4
    1.2.1 分析 ……………………………………………………… 4
    1.2.2 档案 ……………………………………………………… 5
    1.2.3 荧幕 ……………………………………………………… 8
  1.3 辅助功能表命令简介 ……………………………………… 10
  1.4 几个重要的概念和操作方法 ……………………………… 14
  本章小结 ………………………………………………………… 16

第2章 二维图形的创建与编辑 ………………………………… 17
  2.1 二维图形创建的常用命令 ………………………………… 17
    2.1.1 点 ………………………………………………………… 17
    2.1.2 直线 ……………………………………………………… 20
    2.1.3 圆弧 ……………………………………………………… 22
    2.1.4 曲线 ……………………………………………………… 27
    2.1.5 倒角 ……………………………………………………… 27
    2.1.6 矩形 ……………………………………………………… 28
    2.1.7 椭圆 ……………………………………………………… 30
    2.1.8 多边形 …………………………………………………… 30
    2.1.9 边界盒 …………………………………………………… 30
  2.2 二维图形编辑的常用命令 ………………………………… 31
    2.2.1 修整 ……………………………………………………… 31
    2.2.2 转换 ……………………………………………………… 34
  2.3 综合实例 …………………………………………………… 38
  综合练习 ………………………………………………………… 45

第 3 章　曲面的创建与编辑 …… 47

3.1　三维造型基础 …… 47
3.2　设置视角、构图面和构图深度 …… 48
3.3　曲面的创建 …… 49
3.3.1　举升曲面 …… 49
3.3.2　昆氏曲面 …… 53
3.3.3　旋转曲面 …… 60
3.3.4　扫描曲面 …… 61
3.3.5　牵引曲面 …… 63
3.4　曲面编辑 …… 65
3.4.1　曲面倒圆角 …… 65
3.4.2　曲面偏置 …… 71
3.4.3　曲面修整 …… 71
3.4.4　曲面熔接 …… 77
3.5　曲面曲线 …… 79
3.6　综合实例 …… 86
本章小结 …… 94
综合练习 …… 94

第 4 章　三维实体创建与编辑 …… 97

4.1　实体创建 …… 97
4.1.1　挤出实体 …… 97
4.1.2　旋转实体 …… 100
4.1.3　扫掠实体 …… 101
4.1.4　举升实体 …… 102
4.1.5　基本实体 …… 103
4.1.6　由曲面生成实体 …… 105
4.2　编辑实体 …… 107
4.2.1　实体倒圆角 …… 107
4.2.2　实体倒角 …… 111
4.2.3　实体薄壳 …… 112
4.2.4　布林运算 …… 112
4.2.5　实体管理员 …… 116
4.2.6　牵引面 …… 118
4.2.7　修整实体 …… 119
4.2.8　绘制三视图 …… 120
4.3　综合实例 …… 120

本章小结 ··· 125
　　综合练习 ··· 126

第5章　二维刀具路径 ··· 130

5.1　CAM 概述及加工公用设置 ·· 130
　　5.1.1　刀具设置 ··· 130
　　5.1.2　工作设定 ··· 132
　　5.1.3　操作管理 ··· 134
5.2　外形铣削 ··· 134
5.3　平面铣削 ··· 138
　　5.3.1　切削方式 ··· 138
　　5.3.2　其他参数 ··· 139
5.4　挖槽 ·· 139
　　5.4.1　"挖槽参数"选项卡 ·· 139
　　5.4.2　粗加工参数 ··· 140
　　5.4.3　"精修"参数 ·· 141
5.5　钻孔 ·· 142
　　5.5.1　点的选择 ··· 142
　　5.5.2　钻孔参数 ··· 143
5.6　综合实例 ··· 143
　　5.6.1　外形铣削学习指导 ·· 143
　　5.6.2　挖槽加工学习指导 ·· 146
　　5.6.3　文字加工学习指导 ·· 149
　　5.6.4　钻孔加工学习指导 ·· 155
　　5.6.5　综合实例——加工机床移动座 ·· 156
本章小结 ·· 159
综合练习 ·· 160

第6章　三维加工路径 ··· 162

6.1　概述及共同参数的设置 ·· 163
　　6.1.1　刀具参数 ··· 163
　　6.1.2　曲面加工参数 ·· 165
6.2　曲面粗加工方式 ··· 166
　　6.2.1　平行铣削加工 ·· 166
　　6.2.2　放射状铣削加工 ··· 172
　　6.2.3　投影粗加工 ··· 175
　　6.2.4　曲面流线粗加工 ··· 177
　　6.2.5　等高外形粗加工 ··· 178

6.2.6 挖槽粗加工 ……………………………………………… 181
　　6.2.7 钻削式粗加工 …………………………………………… 183
6.3 曲面精加工 ……………………………………………………… 185
　　6.3.1 平行铣削精加工 ………………………………………… 185
　　6.3.2 陡斜面精加工 …………………………………………… 186
　　6.3.3 放射状精加工 …………………………………………… 187
　　6.3.4 投影精加工 ……………………………………………… 188
　　6.3.5 曲面流线精加工 ………………………………………… 188
　　6.3.6 等高外形精加工 ………………………………………… 190
　　6.3.7 浅平面精加工 …………………………………………… 191
　　6.3.8 交线清角精加工 ………………………………………… 192
　　6.3.9 清除残料精加工 ………………………………………… 193
　　6.3.10 环绕等距精加工 ………………………………………… 194
6.4 综合实例 ………………………………………………………… 195
　　6.4.1 综合实例一——创建一个三维曲面并对其进行加工 …… 195
　　6.4.2 综合实例二——创建一个零件三维曲面并对其进行加工 …… 202
本章小结 ……………………………………………………………… 213
综合练习 ……………………………………………………………… 214

参考文献 ……………………………………………………………… 216

第1章 基础知识

1.1 MasterCAM 9.1 简介

1.1.1 MasterCAM 9.1 的应用情况

1984年，美国CNC Software公司顺应工业界的发展趋势，开发出了MasterCAM软件的最早版本，通过不断地改进，该软件功能日益完善，目前以其优良的性价比、常规的硬件要求、稳定的运行效果、易学易用的操作方法等特点，将装机率上升到世界第一（国际上CAD/CAM领域的权威调查公司统计结论），它使机械工程的设计和制造发生了革命性的变化。

MasterCAM是一套完整的CAD/CAM系统，也是我国目前机械加工行业使用最普遍的一种软件。它可用于数控铣床、数控车床、数控镗床、数控线切割机床、加工中心等。在我国，该软件已广泛用于机械工业、汽车工业、航空航天工业，尤其在各种各样的模具制造中发挥了重要的作用。

1.1.2 MasterCAM 9.1 的功能

MasterCAM 9.1软件分CAD和CAM两大部分。

使用MasterCAM 9.1的CAD部分在计算机上进行图形设计，然后在CAM中编制刀具路径（NCI），通过后处理转换成NC程式，传送至数控机床即可进行加工，大大节约了时间，提高了工作效率和加工精度。

1. CAD工作

1）二维平面图形的设计

系统提供了强大的绘图工具（直线、圆弧、椭圆、矩形、任意曲线、螺旋线……）、编辑工具（旋转、修剪、断开、缩放、平移、偏置、删除……）、辅助绘图工具（捕捉、分析、隐藏、视角……）。灵活应用这些工具，可以绘制出任意复杂的平面图形,并能在封闭区域填充图案(画剖面线)、标注各类和各种形式的尺寸、任意书写文字。

2) 三维立体模型设计

零件在计算机中可以用曲面和实体两种形式表示。

用曲面表示的零件称为曲面模型,零件内部是空心的,其创建过程称为曲面造型。用实体表示的模型称为实体模型,零件内部是实心的,其创建过程称为实体造型。

MasterCAM 9.1提供了齐全的三维造型的创建命令和修改命令,操作直观、方便、迅速,并提供了着色(渲染)功能,可使创建出来的零件具有非常逼真的效果,并能随心所欲地从各个角度观察零件。

MasterCAM 9.1不仅能够创建各种各样的图形,还能够将其他一些软件中画出的图形转换到MasterCAM 9.1环境中,并在此基础上进行修改。反过来,MasterCAM 9.1的图形也可以保存为其他格式文件,并可以为其他软件所识别,这种过程称为"数据转换"。在目前的CAD/CAM领域,这是很有实际意义的,也是必须解决的关键问题之一。

2. CAM工作

使用MasterCAM 9.1的最终目的是将设计出来的产品进行加工。在计算机上仅能完成模拟加工,通过后处理产生数控机床加工需要的数控程序(NC)。

(1) MasterCAM 9.1可以按平面图形生成二维加工的刀具路径,简称二维刀具路径,包含平面铣削、外形铣削、挖槽加工、钻孔加工等。

(2) MasterCAM 9.1还可以按三维图形生成三维加工的刀具路径,简称三维刀具路径,包含平行铣削、曲面挖槽加工、放射状加工、流线加工、等高外形加工、投影加工等十多种加工方式。

综合运用各种加工方法,可以加工出各种形状的零件表面,达到需要的加工要求。

(3) 为了直观观察刀具运动轨迹是否合乎要求,MasterCAM 9.1提供了模拟加工路径的功能和实体验证,可帮助判断加工刀具路径是否正确。

(4) 生成好的刀具路径可以转化为加工信息文件——NCI文件,可以将加工过程定义为一种独特的操作进行保存,还可以生成一份包含刀具信息、加工时间等情报的加工报表。

(5) MasterCAM 9.1可以在已有图形和刀具路径的基础上极为迅速地自动生成数控机床所必需的程序——NC程序,而且可以根据数控机床上采用的不同的控制系统,生成符合要求的NC程序,这个过程称为后处理。

1.1.3　MasterCAM 9.1对硬件的要求及安装

MasterCAM 9.1对计算机的要求不高,一般的计算机均能很好地满足使用要求。

MasterCAM 9.1的安装也非常简单,按照软件说明书或说明记事本的介绍进行安装。对国内用户来说,要注意在安装过程中按提示选择米制单位(Metric Units)。

总之,MasterCAM 9.1性能优越、功能强大、运行稳定、易学易用、对硬件要求低,是一个实际应用和教学均宜的、开发和推广成功的CAD/CAM集成软件,值得从事与产品制造相关的人员学习和掌握。

1.1.4 MasterCAM 9.1 的工作窗口

MasterCAM 9.1 的工作窗口分为绘图区、主功能表区、辅助功能表区、工具栏区、提示区五部分。

MasterCAM 9.1 的工作界面如图 1-1 所示。

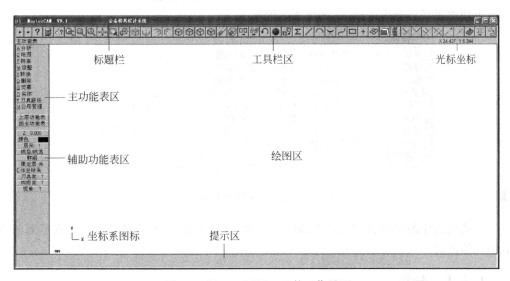

图 1-1 MasterCAM 9.1 的工作界面

1）标题栏

MasterCAM 9.1 窗口界面最上面的一行为标题栏，不同的模块其标题栏也不相同。如果已经打开了一个文件，则在标题栏中还将显示该文件的路径及文件名。

2）工具栏

工具栏由位于标题栏下面的一排按钮组成。启动的模块不同，其默认的工具栏也不尽相同。用户可以通过快捷键 Alt＋B 来控制工具栏的显示，也可以通过单击工具栏左端的按钮来改变工具栏的显示。当把鼠标放在图标上时，会显示相应的命令。

3）提示区

在窗口的主功能表上部和界面的最下部为提示区，系统有的命令给出的提示在主功能表上面，有的命令给出的提示在界面的最下部，有时上下都会有，操作者一定要随时注意，它主要用来给出操作过程中相应的提示，有些命令的操作也在该提示区显示。可以通过快捷键 Alt＋P 控制提示区的显示。

4）绘图区

该区域为绘制、修改和显示图形的工作区域。

5）坐标系图标

位于绘图区左下角的坐标系图标显示当前视图的坐标轴。默认情况下 Design 和

Mill 模块为(X－Y)坐标。

6) 光标坐标

绘图区右上角显示光标在当前构图面中的坐标值。

1.2 主功能表命令简介

主功能表及各命令的含义,如图 1-2 所示。

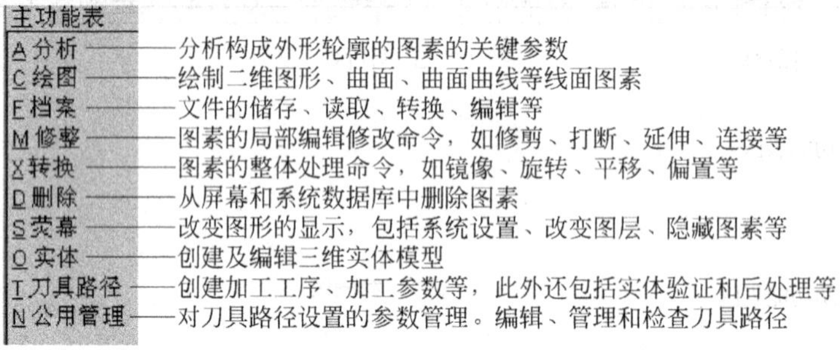

```
主功能表
A 分析    ——分析构成外形轮廓的图素的关键参数
C 绘图    ——绘制二维图形、曲面、曲面曲线等线面图素
F 档案    ——文件的储存、读取、转换、编辑等
M 修整    ——图素的局部编辑修改命令,如修剪、打断、延伸、连接等
X 转换    ——图素的整体处理命令,如镜像、旋转、平移、偏置等
D 删除    ——从屏幕和系统数据库中删除图素
S 荧幕    ——改变图形的显示,包括系统设置、改变图层、隐藏图素等
O 实体    ——创建及编辑三维实体模型
T 刀具路径 ——创建加工工序、加工参数等,此外还包括实体验证和后处理等
N 公用管理 ——对刀具路径设置的参数管理。编辑、管理和检查刀具路径
```

图 1-2 主功能表菜单

主功能表中的绘图、修整、转换、删除、实体、刀具路径、公共管理等命令将在后面的章节中具体讲解。

1.2.1 分析

主功能表中的分析命令是用来分析查看已创建图素的相关信息,如点的坐标、线的长度等。如要知道图 1-3 中线 1 的长度,可以采取以下操作。

步骤 1:依次单击主功能表中"分析"→"仅某图素"→"直线"命令。

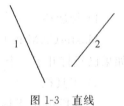

图 1-3 直线

步骤 2:单击绘图区中线 1,系统自动会在下面提示区中显示出线的信息,如图 1-4 所示。

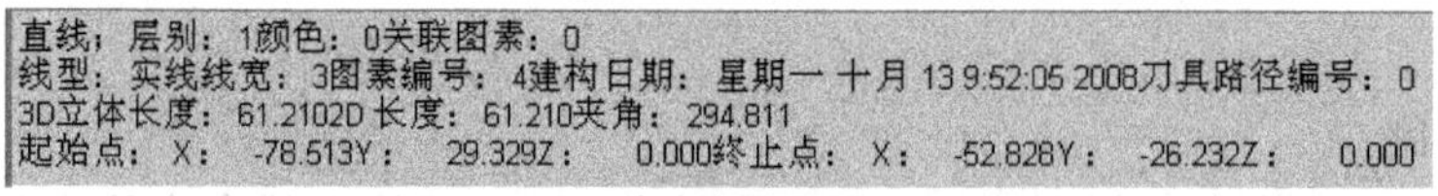

```
直线、层别:1颜色:0关联图素:0
线型:实线线宽:3图素编号:4建构日期:星期一 十月 13 9:52:05 2008刀具路径编号:0
3D立体长度:61.2102D 长度:61.210夹角:294.811
起始点:  X:  -78.513Y:   29.329Z:   0.000终止点:  X:  -52.828Y:  -26.232Z:   0.000
```

图 1-4 直线分析结果

通过提示,可以得知线 1 的所有信息,可知线的长度为 61.210。

又如要分析图 1-3 中两线的夹角,可以采取以下操作。

```
分析两线夹角:请选择第一条线
夹角: 63.833补角: 116.167
```

图 1-5 两线夹角分析结果

步骤 1:依次单击主功能表中"分析"→"两线夹角"。

步骤 2:依次单击绘图区中两条线。系统自动会在下面提示区中显示出线的信息,如图 1-5 所示。

1.2.2 档案

MasterCAM 9.1 软件中的"档案"命令即为其他软件中的"文件"命令,可以新建文件、保存文件、读取文件。操作的原理和其他软件一样,这里不再详述,读者可以自行进行相关的操作,比如文件新建、保存、读取等操作。这里介绍浏览文件和转换文件两个操作。

1. 浏览文件

浏览文件的操作步骤如下。

步骤 1:从主功能表单击"档案"→"浏览",打开"浏览之目录"对话框。

步骤 2:选择或输入浏览图形的子目录,选择所需文件后,单击"OK"按钮。

步骤 3:按 Esc 键两次,退出浏览,或按 Esc 键一次,改为显示浏览子菜单。

2. 转换文件

该选项可以将多种类型的图形文件读入 MasterCAM 9.1 数据库中,并将它们转换为 MasterCAM 9.1 格式,也可以将 MasterCAM 9.1 文件写入多种类型的文件中。

在主功能表中单击"档案"→"档案转换"命令,显示出"档案转换"菜单。选择不同的选项,可以与不同类型的文件进行转换。该选项可以将多种类型的图形文件读入 MasterCAM 9.1 数据库中,并将它们转换为 MasterCAM 9.1 格式,也可以将 MasterCAM 9.1 文件写入多种类型的文件中。

转换文件时可选择"档案转换"命令,并单击要转换的数据类型后,菜单处将显示如图 1-6 所示信息。

图 1-6 档案转换类型菜单

下面简单介绍一下各种文件类型。

1) ASCII 格式

ASCII 是 American Standard Code for Information Interchange(美国信息交换标准代码)的缩写,是一种应用广泛的符号编码系统。

ASCII 格式是将图形中定义的点用一系列的坐标表示(缺少 Z 坐标值时,MasterCAM 9.1 自动设其为 0),所有点的坐标构成了一份数据文件,这就是 ASCII 文件。它是一种文本文件,也是一种最简单的文件格式。

保存的 ASCII 文本文件可以取任意的扩展名,常见的以 .TXT 为扩展名的文件也属于 ASCII 文件。但 MasterCAM 9.1 中默认的扩展名是 DOC,这与 Word 软件的后缀名相同,但实际上是文本格式,勿混淆。

注意:只能将点类型的图素转化为 ASCII 文本格式,而直线、圆弧等类型的图素并不能在 ASCII 中保存,所以 ASCII 格式表述图形能力有限。

但从坐标测量机中测出零件表面的多点坐标,形成一份 ASCII 格式数据文件后,MasterCAM 9.1 能读懂这样的文件,于是就能将点的数据转变成屏幕上显示的点图素,有了这些点图素,就可以进一步对它们进行处理,比如将点连成线,或将点连成面等,因此,这种转换功能也具有一定的实际意义。

2) STEP 格式

STEP 是国际标准化组织(ISO)制定的一个国际标准,专门研究产品之间的数据交换问题,力图使各产品采用统一的方式和方法描述零件的特征,受到了广泛的重视,只是还未普及,美国的 IGES 标准与之相比更有市场,不过 STEP 中完整覆盖了 IGES 中的核心内容,包含了 IGES 的所有性能,甚至包含 IGES 中所没有的功能(如实体功能、装配功能等),而且其定义严谨明确,是一个极有前景的标准。

STEP 格式是同一系列应用协议(Application Protocol,AP)组成的 ISO 标准格式,不同行业采用不同的协议,比如机械行业采用 AP203、AP204 等,汽车业和机床业设计采用 AP214 等。MasterCAM 9.1 提供了读/写 STEP 格式的能力。

3) Autodesk 格式

Autodesk 是美国一个公司的名称,目前市场上有两个大名鼎鼎的软件——AutoCAD 和 3D MAX 就是该公司开发的。

AutoCAD 被认为是目前世界上最好的二维绘图软件,很多同类软件都以它为模板,这些软件中或多或少可以看到它的影子。该公司作品中的一些创意被其他软件广泛采纳(如图层、DXF 文件格式等)。

AutoCAD 中的图形格式默认为 DWG 格式。此外,为与外界交流,还可以将它转换为 DXF 格式,它是一种图形交换标准,很多软件都"认"得这种格式。

为应对 CAD/CAM 软件市场的竞争,Autodesk 公司采取了三管齐下的战略,由最初的 AutoCAD 产品,发展到应对中层用户的 MDT 软件,几年前,又开发了面向高端用户的 Inventor 软件,完成了高、中、低三个层面拼抢市场的战略。目前 Inventor 软件正越来越被市场所接受。Inventor 软件采用的文件格式是 IPT(零件造型用)和 IAM(零件装配用)。

MasterCAM 中可以与 Autodesk 公司版本中的 DWG 文件互换。

4) IGES 格式

IGES 是 20 世纪 70 年代末美国开发的,对美国工业贡献很大(在它的基础上开发过其他标准规范,如 PDDI、PDES 等),因其先入为主的性质,被美国和其他一些国家广泛应用,至今仍是影响最大、使用最广泛的格式之一,被许多 CAD 系统作为标准文件格式,Pro/Engineer、UGⅡ、I-Deas、SolidEdge、SolidWorks 等软件都支持它。

IGES 格式比其他文件格式复杂很多,所以适合较复杂图形的转换。它支持曲线、曲面(最擅长复杂曲面)及一定复杂程度的实体等,一般用于交换曲面。

IGES 文件的后缀名是 IGS 或 IGES。

5) Parasld 格式

Parasld 格式是 Parasld 公司开发的一种三维 CAD 实体模型格式。

目前实体造型是绝大多数 CAD 软件中采用的造型方法,不管是哪种 CAD 软件,都只采用两种核心(实际上是程序模块)之一,个别的两者都用(MasterCAM 对两者都支持)。这两种核心,一种是原来的 ACIS 核心(采用该核心的软件有 MDT、CADKEY 等),另一种是目前应用广泛的 Parasld 核心。它克服了 ACIS 核心的许多不足之处(如倒角、抽壳时易出问题),所以一些原来采用 ACIS 核心的软件,都在逐步向采用 Parasld 核心转变,有些在保留前者的基础上再加入Parasld核心。

MasterCAM可以读取或写为多种版本(Version)的Parasld文件(从Parasld 9.0到13.2版),因软件公司不同,所以即便是采用Parasld格式,文件的扩展名也可能不同,目前以X—T、X—B,或者XMT—TXT为扩展名的,都是Parasld格式的文件。另外,SolidWorks和SolidEdge也采用Parasld核心技术,用这两种软件创建的图形文件的扩展名分别为＊.SLDPRT(SolidWorks的Part文件)和＊.PAR或＊.PSM(都是SolidEdge创建的文件)。

6) STL格式

STL格式是美国3D System公司开发的,并在Stereo Lith Ography软件中采用的三维图形文件格式,应用于三维多层扫描中,是一种3D网络数据格式。目前工业上快速成型(RP)新技术采用它对原型体进行描述(有了扫描数据,能快速"复制"出一个与原型一模一样的新件),另外,目前有很多CAD/CAM支持它,用作对图形文件的浏览和分析。

一个STL文件由一些小三角形面片数据组成,大量的这些面片组成了表面和实体模型。小三角形面片(Triangle)的数据可以采用ASCII码的形式,也可以采用二进制码形式,MasterCAM 9.1可以读写ASCII和二进制文件形式的STL文件,但没有提供读目录和写目录功能。

STL文件的扩展名为STL,选择"File"→"Converters"→"STL"命令后,菜单中会有"Xform file"(转换文件)一项,选择该项,会弹出下一级菜单,里面列出了可对STL文件进行修改的操作项。MasterCAM 9.1还可以不必将STL文件转换为MC9文件,直接从STL文件生成曲面或实体的刀具路径。

7) VDA格式

VDA是德文Verband der antomobilindustrie(汽车工业联合会标准)的缩写,VDA文件格式是一种德国三维标准。

MasterCAM 9.1可以读取和写为VDA格式的文件,转化过程中出现的错误信息将记录在MasterCAM目录下convert.err文本文件中。在将MC9文件保存为VDA文件时,系统会弹出"VDA Write Header"对话框,允许创建一个文件头,设置一些注释等个人信息。

8) SAT格式

SAT格式是美国Spatial Technology公司发展起来的实体模型格式,由前面讲到的实体模型核心之一ACIS所产生。

MasterCAM 9.1可以引入包含实本模型和表面的SAT文件。对SAT实体,MasterCAM 9.1的处理方法是将其转变为修剪曲面,而且是只读的。另外,MasterCAM 9.1还可从SAT上提取出线框模型(Wireframe Model),可用于二维加工和几何体编辑。

MasterCAM 9.1中绘制的图形也可以转换为SAT格式。

9) ProE格式

Pro/E有时写为Pro/Engineer,这是美国Parametric技术公司开发的CAD/CAM集成软件,最初产品在1987年年底推出。软件突出特色是参数化造型技术,功能异常强大,至今在工业界可以说是大名鼎鼎,应用十分广泛。

原来 MasterCAM 与 Pro/E 交换文件还需要 IGES 格式作为中介，9.1 版起可以直接读取 Pro/E 中的图形文件(扩展名为.prt 和.asm)，但将 MasterCAM 9.1 中的图形保存为这种格式还不行。

10) Pre7 matls 格式

Pre7 matls 格式是 MasterCAM 7.0 版之前版本中的材料库，也是用 DOC 作扩展名的文本文件，7.0 版开始，材料库文件采用二进制文件形式，以 MT 后接版本号为文件的扩展名，如 8.0 版中的材料库文件扩展名是 *.MT8，而 9.1 版中的材料库文件扩展名是 *.MT9。如果转换这种格式的文件，可利用原来的旧版本材料库。

11) Pre7 tools 格式

Pre7 tools 是 MasterCAM 7.0 版之前版本中的刀具库，也是文本文件，采用 MTL(Mill 模块中用)或 LTL(Lathe 模块用)作为扩展名，7.0 版本开始，刀具库文件采用二进制文件形式，以 TL 后接版本号为文件的扩展名，如 8.0 版中的材料库文件扩展名是 *.TL8，而 9.0 版中的材料库文件扩展名是 *.TL9。如果转换这种格式的文件，可利用原来的旧版本刀具参数库。

12) Pre7 parms 格式

Pre7 parms 格式是 MasterCAM 7.0 版之前版本中的刀具参数库，包含外形铣削、挖槽加工、钻孔加工、曲面加工的刀具参数文件，也是文本文件，以 PRM 作为扩展名，7.0 版开始，采用二进制文件形式，以 OP 后接版本号为文件的扩展名，如 8.0 版中的材料库文件扩展名是 *.OP8，而 9.0 版中的材料库文件扩展名是 *.OP9。如果转换这种格式的文件，可利用原来的旧版本材料库。

13) Savaeas MC8 格式

Savaeas MC8 是 MasterCAM 8.0 版中默认的图形文件格式，MasterCAM 9.1 版中默认的图形文件格式是 MC9。

该项是允许将 MC9 格式的图形文件转换为 MC8 格式。

MasterCAM 9.1 中可以随意读取前面任意版本的 MasterCAM 图形文件，只要选择"档案"→"取档"命令，在对话框中选择好文件类型就可以了。

14) NFL 格式

NFL 是 Neutral File Format 的缩写，它是法国 MCS 公司的 Anvil 软件中采用的图形格式，以 NFL 为扩展名，这种文件格式只支持二维的点、线和圆弧类型，对三维图形，它采用投影到二维平面的方法记录数据。

15) CADL 格式

CADL 格式是美国 CADKEY 软件中采用的三维图形数据标准。CADL 是 CADKEY Advanced Design Language (CADKEY 高级设计语言)的缩写，是一种三维文件格式，护展名为 CDL。

1.2.3 荧幕

本命令主要用于设置屏幕上图形的显示、工作状态等参数。荧幕命令菜单如图 1-7 所示。

1. 系统规划

在主功能表单击"荧幕"→"系统规划"命令,打开"系统规划"对话框,如图 1-8 所示。通过该对话框的各选项卡可对系统的默认配置进行设置。

图 1-7 荧幕命令菜单

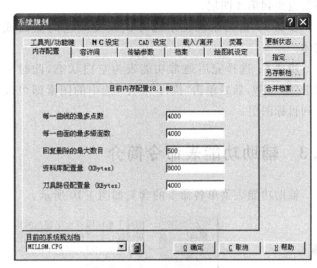

图 1-8 "系统规划"对话框

2. 清除颜色

有些命令(如平移、旋转等)是将原来的图(称为"源")通过操作命令生成新图(源图可以保留,也可以消失),则新图成为结果图。为了区别,MasterCAM 9.1 将源图和结果图采用不同的颜色来显示(如红色和玫瑰红色),随着后续命令的执行,则上次的"源"和"结果"的颜色会自动复原为其本来的颜色,也可以用此命令提前恢复本色。

选择"清除颜色"(或工具栏中)命令后,不需选择图素,自动完成清除颜色的工作。

3. 改变颜色

本命令可以将选择的图素的颜色改为当前系统规定的颜色,其操作步骤如下。

步骤 1:单击辅助功能表中"颜色"命令,弹出"颜色"对话框,在该对话框中可设置系统颜色,具体见 1.3 节。

步骤 2:单击"荧幕"→"改变颜色"命令(或直接单击工具栏中)。

步骤 3:根据系统提示选择欲改变颜色的曲面或实体即可。

注意:只有曲面和实体能通过此方法改变颜色,线条改变颜色则要使用辅助功能表中的"线型/线宽"命令来完成,见 1.3 节。

4. 改变图层

本命令可以将选择的图素移动或复制到其他图层。图层的概念和设置见 1.3 小节,操作步骤如下。

步骤 1:单击"荧幕"→"改变图层"命令,出现"改变层别"对话框,如图 1-9 所示。

步骤 2：选择处理方式(移动或复制)。

步骤 3：如果“层别号码”不对，单击去掉“使用系统之层别”前的“√”，层别号码可修改，如图 1-9 所示，即将图素改变到第 4 图层。

改变层别
处理方式
移动
复制
层别号码
使用系统之层别
层别号码:
4
层别号码:
O 确定
C 取消
H 帮助

图 1-9 “改变层别”对话框

步骤 4：根据系统提示选择欲改变颜色的曲面或实体。

步骤 5：选择完后通常功能表为空白状态，此时要单击 上层功能表，然后单击“执行”命令，选中的图素即可改变到目标图层。

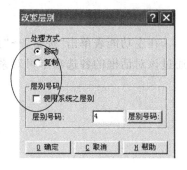

1.3 辅助功能表命令简介

辅助功能表菜单各命令的含义如图 1-10 所示。

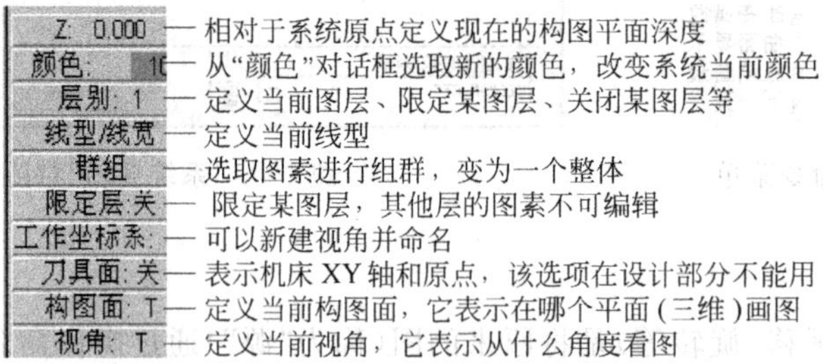

Z: 0.000 — 相对于系统原点定义现在的构图平面深度
颜色: 10 — 从“颜色”对话框选取新的颜色，改变系统当前颜色
层别: 1 — 定义当前图层、限定某图层、关闭某图层等
线型/线宽 — 定义当前线型
群组 — 选取图素进行组群，变为一个整体
限定层:关 — 限定某图层，其他层的图素不可编辑
工作坐标系: — 可以新建视角并命名
刀具面:关 — 表示机床 XY 轴和原点，该选项在设计部分不能用
构图面: T — 定义当前构图面，它表示在哪个平面(三维)画图
视角: T — 定义当前视角，它表示从什么角度看图

图 1-10 辅助功能表菜单

1. 构图深度设置

与前视图平行的面有无数个，同样，与侧面、顶面平行的面也有无数个，为了区分某个方向上面与面之间的区别，MasterCAM 采用了构图深度这一概念，用 Z 表示。MasterCAM 9.1 系统中通过系统原点的基准平面，是构图深度为“0”的平面，在该平面的两侧，构图深度均不为“0”，坐标轴正向一侧的构图面为正值的构图深度，另一侧则为负值的构图深度。对构图深度的理解如图 1-11 所示。

顶面
Z=30 该面是构图深度为 30的顶面
侧面
Z=-30 该面是构图深度为 -30的顶面
在侧面上构图深度为
-50的平面上画的图形
Z=-50
Z=0
Z=50
在侧面上构图深度为
50的平面上画的图形

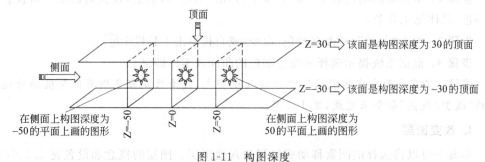

图 1-11 构图深度

构图深度的设置方法为：单击辅助功能表中的 Z: 0.000 项(默认构图深度为“0”)，然

后输入数值，只要一按键，就会在屏幕下方出现输入框：请输入坐标值 20，除了直接输入数值外，还可以通过自动捕捉功能捕捉屏幕上的点，系统会自动测出该点的位置，然后将该位置作为新的构图深度。

2. 颜色

单击图 1-10 中的"颜色"命令，会弹出"颜色"对话框，如图 1-12 所示。

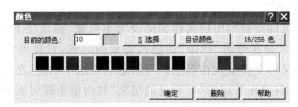

图 1-12 "颜色"对话框

从中选择选中的颜色，按"确定"按钮，则以后绘制的图素使用这种颜色，直到下次更改设置颜色为止。

3. 层别

图层(简称层)是目前很多软件中使用的一种方法，它可使图形文件的数据量大为减少，从而使文件精简，不占太多存储空间。

MasterCAM 9.1 中图层的概念与 AutoCAD 软件中图层的概念相同，我们可以将每个图层当作一张塑料薄膜，整个设计看成是将多张塑料薄膜叠在一起(当然要有一个统一的对齐点)。对于复杂模型，要是全画在一个层上，则要修改某些图素肯定就不方便，稍不小心可能就误选了其他图素，但如果要画在多个层上，比如线条画在一个图层，而曲面画在另一图层，则可以将不相干的层暂时关闭(设置属性为不可见)，创建或修改后，再将关掉的层重新设置为可见，下面介绍层的设置方法。

单击辅助功能表中的 层别:1 ，将弹出"层别管理员"对话框(图 1-13)。

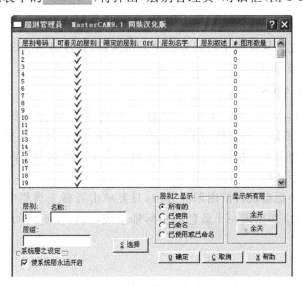

图 1-13 "层别管理员"对话框

1)"层别号码"和"层别名字"

第一栏为"层别号码",可为1～255,也就是说最多可建255个层。第四栏"层别名字"中可以根据具体情况给层别起名,只要在某层的"层别名字"栏内双击鼠标左键,则该栏会变成可编辑的状态,可以输入文字作为层的名字,如CEN——中心线层,HID——虚线层,BTL——标题栏层,TXT——文字层,DIM——标注层等。

2)"可看见的层别"

第二栏为"可看见的层别",图层属性如果设为不可见,则该层上的图素将不显示(但图素并没有被删掉,只是在旁边"待命"而已),需要的时候,只要再将该图层属性设为可见,则该层上的图素又可全部呈现在眼前。灵活地利用这个功能,在修改和分类显示图形等方面将有所帮助。只要在某层的"可看见的层别"栏内单击即可实现图层可见和关闭的切换。对于主要系统图层,则不可关闭。

3)"限定的图层"

如果某个图层被限定(图1-13所示的"图层管理"对话框中该层的"限定的图层"处有√号),则只有该层上的图素可以修改,而其他图层上的图素只能看不能"动"。这个功能也是为了便于修改图形而设的。

4)其他

对话框下面的"层别"是指系统图层,即图画在该图层。"层别之显示"用于设定将要显示的图层类别,一般默认"所有的"即可。

4. 群组设置

可以将某些图素结为一组,这样的组称为群组,建立群组时,系统会要求给组取一个名字,并提示逐一选择组内的成员。

将若干图素组合成一组后,对该组可以当作一个图素一样地处理,比如删除时,如果选择的对象是群组,则该组内图素不论多少,均会全部删除。这样做可以加快处理的速度。

5. 限定层

限定层的含义在图层设置中已解释。单击该按钮,将弹出与层设置一样的对话框,各项的含义及使用方法同前。

6. 工作坐标系(WCS)

创建三维图时,MasterCAM 9.1设有一个默认的坐标系统。为使工作方便,MasterCAM 9.1在不同的场合使用了特定的坐标显示系统,而这些坐标显示系统的区别均由一个做基准的坐标系来描述,这个坐标系就称为工作坐标系(WCS)。这个坐标系的规定符合笛卡儿右手法则。

如果画图过程中想确认目前图形的方位,只要单击屏幕工具栏中任何一个构图面的图标,则屏幕中间会立即出现一个蓝色的坐标轴系统,而且在不同的情况下,显示状况不一样。

7. 刀具面

默认状态下,该项是关闭的(后面有"关"字样),这并不代表没有设置刀具面,而是说明有一个默认的刀具面。MasterCAM 9.1 中,将立式数控铣床的工作台的表面设为默认的刀具面,这个平面在水平方向,或者说水平面是系统默认的刀具面。

如果在车床上加工零件,或者在卧式数控机床上加工零件,与安装刀具的轴线垂直的面就是刀具面(比如数控车床的刀具面就是铅垂面,MasterCAM 9.1 中称为前面),这样就容易确定加工时的刀具面了。

如果刀具的工作位置不同于立式铣床,则需设置刀具面,否则加工位置就会不正确。设置方法为:按下 刀具面 关 项,然后在菜单中选择一种刀具面就可以了,菜单中的内容与下面要介绍的构图面、视角设置中出现的菜单内容一样。

8. 构图面

即在哪个基准面内画图,比如,要在图 1-14 中的侧面上画图,则需将构图面设置为侧视面(S);要在前平面上画图,则要将构图面设置为前视图(F);要在俯视图上画图,则要将构图平面设置为俯视图(T);要画非基准平面内的图形,则需要把构图面设置为空间绘图(3D)。

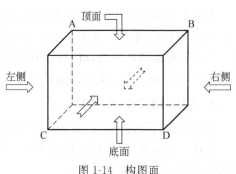

图 1-14 构图面

注意:MasterCAM 9.1 中规定:

- 与侧面平行的任何平面都称为侧视图(S)。
- 与顶面平行的任何平面都成为俯视图(T)。
- 与前面的平行任何平面都称为前视图(F)。

同一方向的构图面用构图深度来区分,构图深度的设置方法如前所述。

9. 视角设置

视角就是观察图形的角度,打个比方:你可以在计算机屏幕的侧视面画图(这时应将构图面设置为侧视面(S),但眼睛却盯着屏幕(视角平面在前面——Front),就像盲人摸象一样。这说明:理论上讲,构图面和视角平面是相互独立的,并可以各设置各的。眼睛盯着屏幕,而手却在侧面画图,这样会感到不习惯。所以,一般在画图时,选好构图面后,要将视角平面也改到同一个方位,至少要改到看得到图形的方位(三维绘图时常用),比如,在计算机屏幕的右侧面上画图,构图面是侧面,则视角平面也改到侧面,这时看到的图形完全是原状(不变形)。

因为视角和构图面设置经常使用,特别是作三维图时更要经常变换,所以屏幕上方放置了 5 个常用的视角图标和 4 个构图面图标(图 1-15),而且,这些图标都非常形象,见图标即知其意。书中图形没有用彩色,所以这些形状相似的两类图标有时不好区分,在软件界面中,视角图标为绿色,构图面图标为蓝色。

图 1-15 视角及构图面图标

1.4 几个重要的概念和操作方法

以下几个基础概念和操作方法贯穿于全书,使用频繁,须明确一下。

1. 图素

构成图形的基本要素(点、直线、圆弧(含圆)、曲线、曲面、实体)都是图素,或者说,屏幕上能画出来的东西都称为图素。

2. 图素上的特征点

直线上的端点、中点;圆的中心点、四分点(象限点,指在圆线上 0°、90°、180°、270°) 4 个位置处的点;两线的交点等都称为图素的特征点,画图时经常需要捕捉这样的特征点。当需要选取特征点时,既可以用鼠标靠近该点自动捕捉(此时,菜单处相应的选项会改变颜色),也可以单击菜单处的相应命令后,用鼠标单击特征点来选取。

3. 选择图素的常用方法

对图素进行删除、移动、复制等操作,几乎每一个命令中都包含选择图素的操作。

选择一个图素,只需移动鼠标即可。当光标在图素附近时,图素会改变颜色,此时单击鼠标左键,该图素即被选中。

有时需要选择多个图素,虽可用上面的方法一个一个地选取,但速度太慢,单击次数太多。这时可以用其他办法,一次便选中一批图素,下面进行介绍。

当需要选择图素时,菜单处会出现与图 1-16 所示类似的菜单提示,这里面就包含了几种常用的图素选择方法。

1) 串连

串连选择分为两种方法:一为自动串连;二为部分串连。

(1) 自动串连。单击图 1-16 所示菜单中的 `C串连` 项后,菜单栏变为图 1-17 所示,同时系统上面提示区提示:`选择串连物1`,下面提示区提示 `串连方式:自动全部` `串连时之限定方式:无限定`。此时为自动串连方式。此种方法能将首尾相连的线一次选中。

例如,图 1-18 由首尾相接的 6 条线构成,如果需要同时选中这 6 条线,可单击图 1-16 中的 `C串连` ,默认系统设置,然后选 6 个图素中的任意一条,系统自动将 6 条图素选中,单击随后出现的菜单中的 `D执行` 项即可。

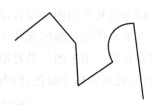

图 1-16　图素选择方法　　　图 1-17　串连选择方法　　　图 1-18　需串连选择的图素

注意：图 1-19(a)中 A 点为"分歧点"，就像我们遇到了岔路口不知道往哪边走一样，系统到了分支点也不知道该选择哪边前进，遇到这种情况，若选择了 C串连 ，则单击一条线后，会在分支点处出现一个箭头（图 1-19(b))，箭头表示系统不知道往哪边进行搜索，需要指示。

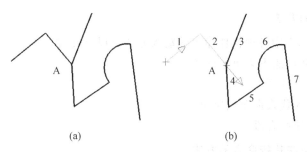

图 1-19 分歧点

如果这时在线 3 上单击，则线 3 被加入到串中，而线 4、5、6、7 未选中；如果在线 4 上单击，线 4、5、6、7 线被加入到选中，而线 3 未选中。

这种情况下指定了前进方向后，到了结束处点时，还要选择图 1-20 所示菜单中的 E结束选择 项，表示在这里结束。而图 1-21 中两线有相交点，该相交点不是分歧点，故不影响串连选择。

（2）部分串连。此种方法能将首尾相连的线中的一部分一次选中。单击图 1-16 所示菜单中的 C串连 命令后，随后单击图 1-17 所示菜单中的 P部分串连 命令后，此时系统提示选择串连的第一个图素，随后提示选择串连的最后一个图素，选择完毕后，第一个和最后一个图素之间的图素将被选中，其他不被选中。

2）窗选

单击图 1-16 所示菜单中的 W窗选 命令后，菜单变为图 1-22 所示的形式，需要进行一些设置。不过一般情况下，采用默认设置已经能够很好地解决问题了。其中，关于"限定"的意思是：比如用窗选方式选中的区域图形非常复杂，而又只想删除其中的直线，这时可以用"限定"的方法来帮忙。使用限定时先要设置限定哪些图素，这可以根据提示选择需要限制的图素类型，以及这些图素中哪些属性要限制。设置完后单击"OK"按钮退出对话框。设置完后，还要单击图 1-22 所示菜单中的"限定图素"命令，并将其设为"Y"方能生效。

 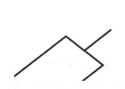 

图 1-20 串连选择结束命令　　　图 1-21 非分歧点　　　图 1-22 窗选菜单

3) 仅某图素和所有的

图1-16所示菜单中的 O仅某图素 和 △所有的 都是用于选择某一类图素的命令，不同的是， O仅某图素 只选择一类图素中的一个图素，例如，删除所有直线中的一条；而 △所有的 是选择一类图素中的全部。

4. 输入命令的方法

MasterCAM 9.1中各项操作命令的输入方法有以下几种。

（1）从主、辅助功能表菜单中选择。

（2）从工具栏中选择。

（3）从键盘输入代表命令的字母。

（4）按相应快捷组合键。

5. 三种退出正在执行命令的方法

一个操作完毕后，系统仍然保持在该命令开始处，准备再执行同一个命令。若要执行新的命令，这就牵涉到退出命令的问题。

按下主功能表和辅助功能表之间的 上层功能表 命令，按一次可以返回一级菜单，相当于退出命令。

按下主功能表和辅助功能表之间的 回主功能表 命令，可以一次跳过几级菜单，返回到第一级菜单处，即主菜单处，当然也是退出命令。

另外，按下键盘上的Esc键（一次或多次），也可以退出。而且，因右手操作鼠标的频率很高，而左手空闲时间多，这个方法可以利用左手操作。

6. 改变图形在屏幕窗口中的摆放位置

MasterCAM 9.1中移动"图形"是用键盘上的上、下、左、右四个方向键来实现的。

7. 改变图形在屏幕窗口中的大小

如果要改变图形在屏幕窗口中的大小，可以按下面的方法之一操作：

（1）单击 图标——可将画出的图形全部而且尽可能大地显示在窗口内，快捷键为"Alt+F1"。

（2）单击 图标——可将窗口内的图形缩至80%，快捷键为Alt+F2。

（3）单击 图标——可将窗口内的图形缩至50%，快捷键为F2。

（4）单击 图标——可以在局部拉出一个矩形区域。

（5）滚动鼠标滚轮。可以任意放大或缩小视图。

（6）按下键盘上的End键，可以使图形旋转，再按一次可以取消该功能。

本章小结

本章主要介绍了MasterCAM 9.1软件的应用、功能、安装、工作界面等基本知识，重点介绍了MasterCAM 9.1软件主功能表中的分析、档案、荧幕及辅助功能表命令，读者应特别注意本章最后讲述的MasterCAM 9.1软件中的几个重要概念和操作方法。

第2章

二维图形的创建与编辑

2.1 二维图形创建的常用命令

创建二维图形的命令很多,全部包含在"绘图"命令中,其内容如图 2-1 所示。下面介绍点、直线、圆弧、曲线的创建操作。

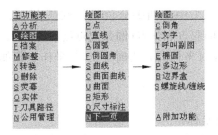

图 2-1 二维图形的菜单

2.1.1 点

创建点的步骤如图 2-2 所示。

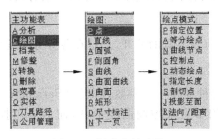

图 2-2 创建点的步骤

1. 指定位置

"指定位置"命令可在某图素的各特征点(中点、中心点、端点等)处绘制一个点,也可用鼠标单击的方法或输入坐标的方法绘制出点来。其菜单如图 2-3 所示。

(1) 原点。选择"原点"命令,系统在当前构图面的坐标原点处绘制一个点。

(2) 圆心点。该选项用来绘制圆或圆弧的圆心点。操作步骤如下。

  步骤 1:单击"圆心点"命令。

  步骤 2:在绘图区选取圆弧或圆,所选对象改变颜色,系统即在圆弧或圆的圆心处绘制出圆心点。

图 2-3 指定位置绘点菜单

  步骤 3:重复步骤 2 可继续绘制圆心点,或按 Esc 键返回"点输入"菜单。

(3) 端点。该命令用来绘制线、圆弧、曲线等的端点。操作步骤顺序如圆心点绘制操作。

(4) 存在点。该命令在一个已存在的点的位置绘制一个点。选到的点将会闪烁,并改变颜色,表示此点已被选中。

(5) 交点。该命令可绘制出两个相交对象的交点,这些对象可以是直线、圆、圆弧、样条曲线等。

(6) 四等分位。MasterCAM 9.1 中的四等分位是指圆弧在 0°、90°、180°、270°处的 4 个特征点,其中 0°的位置为圆弧的起点和终点(圆弧起点终点重合)。

(7) 相对点。相对点是指用相对坐标的方法确定点,其操作步骤如下。

  步骤 1:单击"相对点"命令。

  步骤 2:根据需要确定基准点。

  步骤 3:输入相对于基准点的坐标。

(8) 任意点。在界面上的任意位置通过鼠标或键盘输入绘制点。

注意:使用"任意点"命令绘图时,即可在界面中单击所需选择的点,也可采用坐标法输入。此时只要通过键盘按数学中的坐标输入方法直接输入直角坐标值即可。如:20,30;或 X20Y30,表示 X 坐标为 20,Y 坐标为 30 的点。

(9) 选择上次。此命令是指选择刚刚选择过的点,此命令很有用。

2. 等分绘点

可对直线或弧线进行等分操作(没有真的分开,只是在各等分点处绘制出点来)。

3. 曲线节点

MasterCAM 9.1 中,曲线有两种类型——参数式曲线(Parametric 曲线)和 NURBS (非均匀有理 B 样条曲线),前者用节点来控制曲线形状,而后者用控制点来控制曲线形状。

曲线节点是在参数式曲线的节点上绘制出点的标记,如图 2-4 所示。

4. 控制点

控制点是在 NURBS 曲线的节点上绘制出点的标记。单击"控制点"命令,选中某条 NURBS 曲线后,即在该曲线的节点上出现点的标记,如图 2-5 所示。

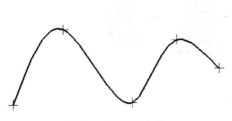
图 2-4　参数式曲线

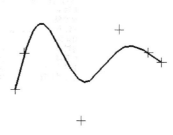
图 2-5　NURBS 曲线

可以看出,除了首点和末点在 NURBS 曲线上外,其他点都不在曲线上,但与曲线离得很近。曲线的形状由这些控制点控制着,通过控制点能绘制出曲线来,因为它采用了一种"逼近理论",里面包含了特定的算法。

5. 动态绘点

该项可在指定的直线或曲线的任意位置上绘制出点来。其操作步骤如下。

步骤 1:单击"动态绘点"命令。

步骤 2:根据提示单击需要在其上绘点的图素。

步骤 3:滑动鼠标至所需位置,单击鼠标左键,即在此处绘制出一个点,如图 2-6 所示。

步骤 4:移动鼠标绘制出其他需要的点。

步骤 5:完成绘制后,按键盘上的 Esc 键退出该命令。

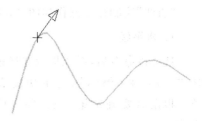
图 2-6　动态绘点

6. 指定长度

"指定长度"命令是指给出一长度值,然后选择一个图素,则会自动从离该图素的一端(鼠标单击位置离哪端近就从哪端开始量起,这点特别需要注意)相距给定长度处绘制出一个点来。

注意:对于曲线,此长度为弧长,不是弦长。

7. 剖切点

用一个平面(可以是真实存在的平面,也可以是虚拟的平面)截交多条直线、弧线和曲线,绘制出各相交点来,如图 2-7 所示。其操作步骤如下。

步骤 1:单击"绘图"→"点"→"剖切点"命令。

步骤 2:根据需要选择图素。

步骤 3:确定平面(这里 Zxy 平面是与水平面平行的面,要求输入的是 Z 坐标,其他以此类推)。

步骤 4:输入平面坐标值。

8. 投影至面

将选择的点向某曲面投影,绘制出投影点。

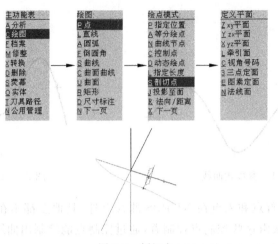

图 2-7 剖切点

2.1.2 直线

"直线"绘制命令操作如图 2-8 所示。

1. 水平线

选择该命令后,系统提示选择第一点。提示为:`画水平线:请指定第一个端点`,同时主功能表出现点选择菜单。根据需要确定第一点,确定的方法同绘点的方法。

第一点确定后,系统提示选择第二点,提示变为:`画水平线:请指定第二个端点`,此时只要移动鼠标,提示信息立即发生变化,变化为:`长度=151.366`。此数值为鼠标所在位置与第一点的水平距离,可供参考。

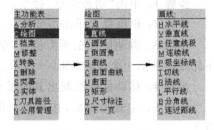

图 2-8 直线绘制命令

确定第二点后,提示变为:`请输入y轴坐标 -14.161554134 (或X,Y,Z,R,D,L,S,一页)`,这时要求输入水平线所在的 Y 坐标。框中的值是系统测出来的当前 Y 的坐标值,如果同意,直接单击鼠标右键或按回车键即可。

这一功能在精确绘图时很有用,比如,在任意位置画好一条长度一定的线,然后可将它"搬"到一高度处(即确定该线的 Y 坐标值)。

例:画一条长度为 80,Y 坐标值为 25 的水平线。

步骤 1:依次单击"绘图"→"直线"→"水平线"命令。

步骤 2:用鼠标在屏幕上适当位置处单击,确定起点。

步骤 3:当系统提示选择第二点时,依次单击"相对点"→"选择上次",系统提示选坐标方式,如下所示:

`抓点方式:相对点:请选坐标方式`
`R 直角坐标`
`P 极坐标`

此时即可选择"直角坐标"在系统提示下输入(80,0),也可不选择坐标方式,直接通过键盘输入(80,0)。

步骤 4:按回车键默认此时的 Y 坐标值,完成绘制操作。

2. 垂直线

此命令的操作过程与绘水平线极为相似,这里不再具体介绍。只是其最后要输入的是垂直线所在的 X 坐标值。

3. 任意线段

只要告知两个点的位置,即可画出连接这两点的直线。两个端点既可通过鼠标单击,也可通过键盘输入坐标值。

此命令只能画出一条直线来。

4. 连续线

上面的"任意线段"命令一次只能画出一段直线来,而本命令可以连续不断地画出多段首尾相接的直线,但是一次画出的多段线不是一个图素,而是多个图素。

5. 极坐标线

在画极坐标线时,需要知道所要画的线的长度和它与 X 轴正向的夹角。规定夹角顺时针为负值,逆时针为正值。

例:画一条长度为 80 的垂直线。

步骤 1:依次单击"绘图"→"直线"→"极坐标线"命令。

步骤 2:用鼠标在屏幕上适当位置处单击,确定起点。

步骤 3:系统提示输入角度,通过键盘输入"90",回车或单击鼠标右键。

步骤 4:系统提示输入长度,通过键盘输入"80",回车或单击鼠标右键。

步骤 5:完成绘制操作。

6. 切线

该命令用于绘制与指定图素相切的直线。单击图 2-8 中的"切线"命令后,主功能表如图 2-9 所示,此时提供 3 种画切线方法。

1) 角度

步骤 1:指定圆弧或曲线。

步骤 2:输入切线角度(与 X 轴正方向的夹角),回车或单击鼠标右键。

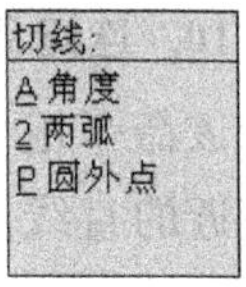

图 2-9 切线画法

步骤 3:输入切线长度,回车或单击鼠标右键。

步骤 4:选择要保留的线(符合条件的线有几条,会全部显示出来,可用鼠标单击要保留的一条)。

步骤 5:操作完毕。

2) 两弧

选择此命令后,系统要求依次单击两个图素,此时应注意切点位置,如图 2-10 所示。如果单击两图素时,依次单击在点 1、2 所示的位置,可画出外公切线,如图 2-11(a)所示。

如果单击两图素时，依次单击在点1、3所示的位置，可画出内公切线，如图2-11(b)所示。

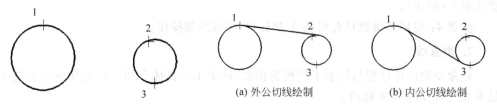

图 2-10　绘与两个圆弧相切的切线

(a) 外公切线绘制　　(b) 内公切线绘制

图 2-11　公切线绘制

3) 圆外点

本命令是指经过圆外的一点画圆弧的切线，操作步骤如下。

步骤1：指定弧或曲线。

步骤2：指定要通过的点(可按出现的点选择菜单进行点的选择)。

步骤3：输入切线长度(框中的值为自动测出的指定点到切点的距离)，回车或单击鼠标右键即可。

步骤4：操作完毕。

7. 法线

用于绘制一条与某直线、圆弧或曲线垂直的直线，称为法线。单击图2-8中的"法线"命令后，主功能表变为图2-12所示，此时提供两种画法线方法——经过一点和与圆相切。

注意：画法线时不论采用哪种方法，画出的结果都有两个。系统提示 请选要保留的线 时一定要用鼠标单击要保留的那条线。

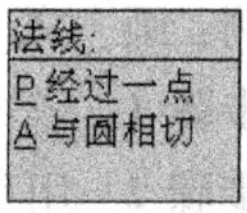

图 2-12　画法线方法

8. 绘平行线

用于绘制一条与指定直线平行的线。

9. 分角线

用于做出两条相交直线间的角平分线。

10. 连近距线

该命令用于从已知的点、直线、圆弧或曲线到其他直线、圆弧或曲线之间绘制一条距离最近的直线。

2.1.3　圆弧

"圆弧"绘制命令的操作如图2-13所示。

1. 极坐标

单击此处的"极坐标"命令后，主功能表变为如图2-14所示，提供4种绘制极坐标圆弧的方法。

1) 圆心点

该命令通过定义圆心点、半径、起始角和终止角绘制一段圆弧。操作步骤如下。

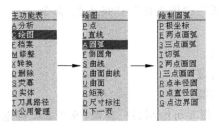

图 2-13 "圆弧"绘制命令　　　　图 2-14 极坐标绘制圆弧方法

步骤 1：从主功能表中单击"绘图"→"圆弧"→"极坐标"→"圆心点"命令。
步骤 2：输入或选取圆心点。
步骤 3：输入半径值,回车或单击鼠标右键。
步骤 4：输入起始角度,回车或单击鼠标右键。
步骤 5：输入终止角度,回车或单击鼠标右键。
步骤 6：系统绘制出圆弧,重复步骤 2~步骤 5 可以绘制另一条圆弧或按 Esc 键返回。

2）任意点

该命令通过定义中心、半径和两点(即用鼠标定两点为一个摆动角,这也是与"圆心点"命令的不同点)绘制一条圆弧。操作步骤如下。

步骤 1：从主功能表中依次单击"绘图"→"圆弧"→"极坐标"→"任意点"命令。
步骤 2：输入圆心点坐标或选取圆心点 P0。
步骤 3：输入半径值,回车或单击鼠标右键。
步骤 4：系统提示选取任意点为起始角,选取确定一点为点 P1,则 X 轴与直线 P0P1 的夹角为起始角。
步骤 5：系统提示选取任意点为终止角,选取确定一点为点 P2,则 X 轴与直线 P0P2 的夹角为终止角。
步骤 6：系统绘制出圆弧,重复步骤 2~步骤 5,可以继续绘制圆弧或按 Esc 键返回。

3）起始点

该命令通过定义起始点、半径、起始角度和终止角度绘制一条圆弧。操作步骤如下。

步骤 1：从主菜单中选取"绘图"→"圆弧"→"极坐标"→"起始点"命令。
步骤 2：输入起始点或选取起始点。
步骤 3：输入半径值,回车或单击鼠标右键。
步骤 4：输入起始角度,回车或单击鼠标右键。
步骤 5：输入终止角度,回车或单击鼠标右键。
步骤 6：系统绘制出圆弧。当起始角为 0,终止角为 360°时,绘制为一圆。重复步骤 2~步骤 5,可继续绘制圆弧或按 Esc 键返回。

4）终止点

该命令是通过定义圆弧的终止点、半径、起始角度和终止角度来绘制一段圆弧。操作步骤如下。

步骤1：从主功能表中单击"绘图"→"圆弧"→"极坐标"→"终止点"命令。
步骤2：输入终止点或选取终止点。
步骤3：输入半径值,回车或单击鼠标右键。
步骤4：输入起始角度,回车或单击鼠标右键。
步骤5：输入终止角度,回车或单击鼠标右键。
步骤6：系统绘制出圆弧,重复步骤2～步骤5可绘制另一圆弧,或按Esc键返回。

2. 两点画弧

"两点画弧"命令通过定义圆弧的两端点和半径来绘制一条圆弧。操作步骤如下。

步骤1：从主功能表中单击"绘图"→"圆弧"→"两点画弧"命令,或单击工具栏中的按钮图标。
步骤2：输入或选取第一点。
步骤3：输入或选取第二点。
步骤4：输入半径值,回车或单击鼠标右键。
步骤5：系统给出两个相交的圆弧,并提示 两点画弧:选择任意圆弧 ,要求选择一条圆弧。根据题意选择要保留的圆弧,其余圆弧自动删除。
步骤6：重复步骤2～步骤5可绘制另一条圆弧,或按Esc键返回。

注意：

(1) 在步骤5中,系统给出两个或多个圆弧,并提示 两点画弧:选择任意圆弧 时,一定要单击需要保留的圆弧,否则会没有圆弧保留。

(2) 在步骤4中输入的半径值一定要大于输入的两点距离,否则系统会出现如图2-15所示的提示,不能绘出圆弧。

3. 三点画弧

"三点画弧"命令通过定义圆弧上的3个点绘制一条圆弧,其中第一个点为圆弧的起点,第三个点为圆弧的终点。操作步骤如下。

步骤1：从主功能表中单击"绘图"→"圆弧"→"三点画弧"命令。
步骤2：输入或选取第一点。
步骤3：输入或选取第二点。
步骤4：输入或选取第三点,移动鼠标时,提示区显示当前圆弧的半径、起始角度、扫描角度及圆心点坐标,确定第三点,系统绘出圆弧。

4. 切弧

单击"切弧"命令后,主功能表变为如图2-16所示,提供6种绘制切弧的方法。

图2-15 直径大于两个距离时的情况提示　　　　图2-16 绘制切弧命令菜单

(1)切一物体。该命令用于绘制一条180°的圆弧,该圆弧与一个选取的对象相切于一点,相切的对象可以是直线、圆弧及曲线等。操作步骤如下。

步骤1:从主功能表中单击"绘图"→"圆弧"→"切弧"→"切一物体"命令。

步骤2:选择与圆弧相切的对象。

步骤3:指定切点。

步骤4:输入半径值,回车或单击鼠标右键。

步骤5:系统给出两个圆,选取需要的圆弧后,系统完成相切圆弧。

步骤6:重复步骤2~步骤5,可绘制另一相切圆弧,或按 Esc 键返回。

(2)切两物体。该命令用于绘制一个与两个几何对象相切的圆。相切的对象可以为直线、圆弧及曲线等。操作步骤如下。

步骤1:从主功能表中单击"绘图"→"圆弧"→"切弧"→"切两物体"命令。

步骤2:输入要绘制圆弧的半径,回车或单击鼠标右键。

步骤3:选取要相切的对象1。

步骤4:选取要相切的对象2,系统绘制出相切圆。

步骤5:重复步骤2~步骤5,可绘制另一相切圆,或按 Esc 键返回。

(3)切三物体。该命令用于绘制与3个几何对象相切的圆弧。相切的对象可以选为直线、圆弧及曲线等。圆弧与第一个选取对象的切点为圆弧的起始点,与最后一个选取对象的切点为圆弧的终止点。操作步骤如下。

步骤1:从主功能表中单击"绘图"→"圆弧"→"切弧"→"切三物体"命令。

步骤2:系统提示选择3个对象,顺序选取3个对象,系统绘制出圆弧。

步骤3:重复步骤2,可绘制出另一圆弧,或按 Esc 键返回。

(4)中心线。"中心线"命令用于绘制圆心在一条指定的直线上且与另一直线相切的圆。操作步骤如下。

步骤1:从主功能表中单击"绘图"→"圆弧"→"切弧"→"中心线"命令。

步骤2:选择与圆相切的直线。

步骤3:选择圆心经过的直线。

步骤4:输入圆的半径值,回车或单击鼠标右键,系统给出两个圆弧。

步骤5:选取保留的圆弧。

步骤6:重复步骤2~步骤5,可绘制另一个相切圆,或按 Esc 键返回。

(5)圆外点。该命令可以绘制一条经过一个特定点并与一个对象(直线或圆弧)相切的圆弧。操作步骤如下。

步骤1:从主功能表中单击"绘图"→"圆弧"→"切弧"→"圆外点"命令。

步骤2:选择与圆弧相切的对象。

步骤3:输入或选取圆经过的点。

步骤4:输入半径值,回车或单击鼠标右键,系统给出多个圆弧。

步骤5:选取要保留的圆弧。

步骤6:重复步骤2~步骤5,可绘制另一圆弧,或按 Esc 键返回。

(6)动态绘弧。该命令可动态地绘制与一几何对象相切于一选定点的圆弧。其圆弧半径可以任意选定,相切对象可以选为直线、圆弧或曲线。操作步骤如下。

步骤 1:从主功能表中单击"绘图"→"圆弧"→"切弧"→"动态绘弧"命令。

步骤 2:选择与圆弧相切的一个对象。

步骤 3:用鼠标移动箭头在直线上选取,作为圆弧与直线的切点。

步骤 4:移动鼠标,圆弧的形态随光标的移动而动态地改变,选取一点作为圆弧的终止点。单击鼠标左键,系统完成圆弧。

步骤 5:重复步骤 2~步骤 4,可绘制另一圆弧,或按 Esc 键返回。

5. 两点画圆

"两点画圆"命令通过指定圆上的两个点和输入圆的半径值来绘制圆。操作步骤如下。

步骤 1:从主功能表中单击"绘图"→"圆弧"→"两点画圆"命令。

步骤 2:系统提示输入第一点,选取或输入点。

步骤 3:系统提示输入第二点,选取或输入点。

步骤 4:系统提示输入半径值,系统完成圆的绘制。

步骤 5:重复步骤 2~步骤 4,可继续绘制圆,或按 Esc 键返回。

6. 三点画圆

"三点画圆"命令通过指定圆上的三个点来绘制圆。操作步骤如下。

步骤 1:从主功能表中单击"绘图"→"圆弧"→"三点画圆"命令。

步骤 2:系统提示输入第一点,选取或输入点。

步骤 3:系统提示输入第二点,选取或输入点。

步骤 4:系统提示输入第三点,选取或输入点,系统完成圆的绘制。

步骤 5:重复步骤 2~步骤 4,可继续绘制圆,或按 Esc 键返回。

7. 点半径圆

"点半径圆"命令通过指定圆心和圆的半径来绘制圆。操作步骤如下。

步骤 1:从主功能表中单击"绘图"→"圆弧"→"点半径圆"命令。

步骤 2:输入半径值,回车或单击鼠标右键。

步骤 3:输入圆心点坐标,回车或单击鼠标右键,系统绘制一圆。

步骤 4:重复步骤 2~步骤 3,可继续绘制圆,或按 Esc 键返回。

8. 点直径圆

"点直径圆"命令通过指定圆心和圆的直径来绘制圆。操作步骤如下。

步骤 1:从主功能表中单击"绘图"→"圆弧"→"点直径圆"命令。

步骤 2:输入直径值,回车或单击鼠标右键。

步骤 3:输入圆心点坐标,或使用鼠标选取点后,系统绘制一个圆。

步骤 4:重复步骤 2~步骤 3,可以继续绘制圆,或按 Esc 键返回。

9. 点边界圆

"点边界圆"命令通过指定圆心和圆上一点绘制圆。操作步骤如下。

步骤 1：从主功能表中单击"绘图"→"圆弧"→"点边界圆"命令。
步骤 2：系统提示输入圆心点，选取或输入点。
步骤 3：系统提示输入边界点，选取或输入点，完成"点边界圆"绘制。
步骤 4：重复步骤 2～步骤 3，可以继续绘制圆，或按 Esc 键返回。

2.1.4 曲线

"曲线"绘制命令操作如图 2-17 所示。

1. 曲线型式

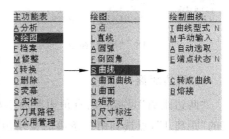

图 2-17 "曲线"绘制命令操作

MasterCAM 中的曲线有两种方式：一种是参数式曲线(Parametric 曲线)，曲线的形状可以用参数方程描述，计算机根据参数方程画出曲线形状。决定这种曲线形状的点称为节点。另一种是曲线式 NURBS 曲线，中文名为"非均匀有理 B 样条曲线"，这是工程中用得较多的曲线之一。NURBS 曲线的特点是，由控制点来控制曲线的形状，曲线一定通过首点和末点，但不一定通过中间的各控制点(不过会很逼近它们)。

两种曲线的绘制方法是完全一样的，只是系统会对不同的曲线不同地对待。

2. 输入方式

绘制曲线有两种方法——手工绘制和自动选取。

手工绘制是指绘曲线时按信息提示逐个输入点的位置得到曲线。

自动选取是指计算机按事先绘出的点来自动形成曲线(只需告知第一、第二和最后一点的位置即可)。

3. 端点处理

所谓端点处理其实就是改变曲线两端的切线方向，端点的切线方向决定了曲线的走向。

4. 转变为曲线

启用本项，可将一条或多条曲线(还可以为直线或圆弧)变为所设置类型(参数型或NURBS 型)的曲线。当然，如果设置的曲线类型与原来的曲线类型一样，则不变化。

如果是分多次画出的曲线，并且是首尾相接的，则用此项可将这几条曲线合并为一条，并且曲线的类型也可改变(P 型变为 N 型，或 N 型变为 P 型)。

2.1.5 倒角

"倒角"命令如图 2-18 所示，单击"倒角"命令后，系统弹出"倒角"对话框，如图 2-19 所示，提供 3 种倒角方式。

1. 单一距离

"单一距离"是指到两直角边距离相等的倒角，到直角边的距离为对话框中"参数"项设定的距离，如图 2-19 所示。

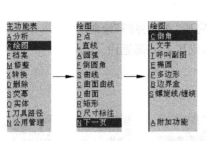 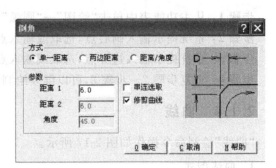

图 2-18 "倒角"命令　　　　　图 2-19 "倒角"对话框

2. 两边距离

"两边距离"是指到两直角边距离不相等的倒角,点选到第一条边的直角边距离为设定的"距离 1",点选到第二条边的直角边长度为设定的"距离 2",如图 2-20 所示。

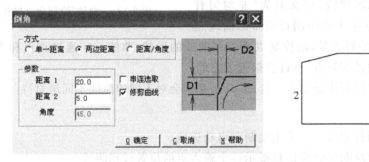

图 2-20　两边距离倒角

3. 距离/角度

"距离/角度"是指到两直角边距离不相等的倒角,点选到第一条边的直角边距离为设定的"距离 1",倒角的斜边与第一条边夹角为设定的"角度",如图 2-21 所示。

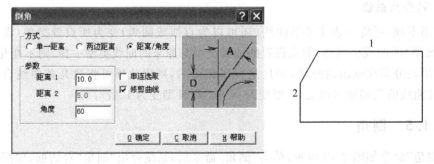

图 2-21　距离/角度倒角

2.1.6　矩形

"矩形"命令操作如图 2-22 所示,提供"一点"和"两点"两种绘制矩形的方式。

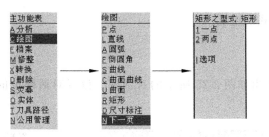

图 2-22 "矩形"命令

1. 一点

选择该命令后,弹出如图 2-23 所示的对话框。

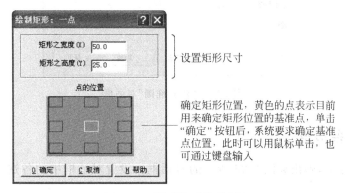

图 2-23 "绘制矩形"对话框

2. 两点

在屏幕上单击两点(可选图形中的特征点或任意点选点)或输入两点坐标值,则矩形被绘出,这两点将作为矩形的对角点。

3. 选项

通过改变"选项"对话框中的内容,可以使矩形"变形"。

选择"选项"命令后,弹出如图 2-24 所示的对话框。通过改变对话框中的各项设置,

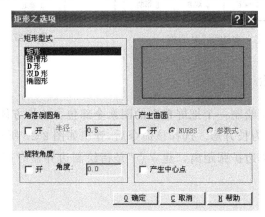

图 2-24 "矩形之选项"对话框

可得到所需的各种样式的矩形。

2.1.7 椭圆

选择该命令后,弹出如图 2-25 所示的对话框。设置对话框中的各选项,可以绘制出要求的椭圆或椭圆弧。

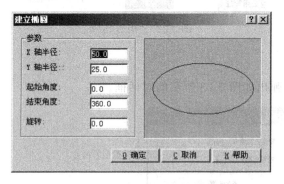

图 2-25 "建立椭圆"对话框

2.1.8 多边形

选择该命令后,弹出如图 2-26 所示的对话框。设置对话框中的各选项,可以绘制出要求的多边形。

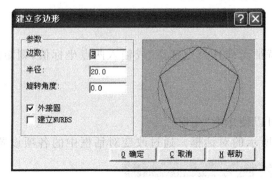 

图 2-26 "建立多边形"对话框　　　　　图 2-27 "边界盒"对话框

2.1.9 边界盒

"边界盒"命令用于绘制一个把屏幕上的图素全部包含的长方体盒子。如果所有图素均在一个构图面内,则为长方形。选择该命令后,弹出如图 2-27 所示的对话框。

此处的"扩张"为单边扩张距离,"建立点"是指绘制边界盒时同时绘制出边界盒的中心点。

2.2 二维图形编辑的常用命令

二维图形的编辑命令主要有"修整"、"转换"、"删除"等。

2.2.1 修整

"修整"操作主要是对图素的局部编辑,如倒圆角、修剪延伸、打断等。其命令操作如图 2-28 所示。

图 2-28 "修整"命令

图 2-29 倒圆角菜单

1. 倒圆角

此操作的目的是在两条线(可以是直线、圆弧或曲线)之间倒出一个圆角。单击"倒圆角"命令后,主功能表和提示区信息均发生变化,主功能表为倒圆角信息改变提供操作选项,如图 2-29 所示。

同时提示区信息变为如图 2-30 所示。

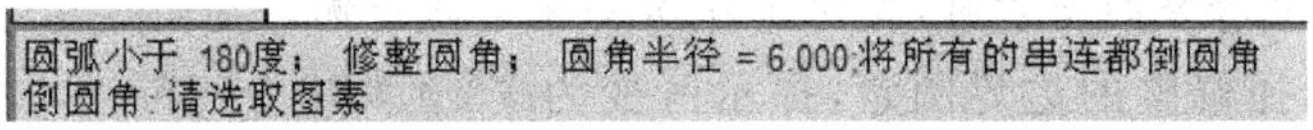

图 2-30 倒圆角默认参数

以上信息为系统的默认值,如果不需要改变,可以直接选取图素进行倒圆角工作,否则可以进行修改。

(1) 圆角半径。单击主功能表位置的"圆角半径"命令,该命令可改变倒圆角半径值。单击此命令后,提示区改变为如图 2-31 所示,通过键盘输入,可以改变圆角半径值。

图 2-31 圆角半径输入提示

(2) 圆角角度。单击该命令,此命令后缀和信息栏均会发生变化,后缀分别会变为 S、F、L,它们是英语中 Small、Full、Large 单词的第一个字母,代表的意思如图 2-32 所示。

(3) 修整方式。该命令可改变倒圆角半径值。单击此命令后,此命令后缀和信息栏均会发生变化,后缀分别会变为 N、Y,它们是英语中 No、Yes 单词的第一个字母,代表多余的边角线修剪掉和不修剪的意思,如图 2-33 所示。

图 2-32　圆角角度　　　　　　　图 2-33　倒圆角修整方式

（4）串连图素。对于矩形、多边形等图形来说，常常需在每一个拐角处都倒出同样大小的圆角来。选择"串连图素"命令，则可一次就全部倒出圆角来。"串连图素"能使首尾相接的线条一次全部选中。

2. 修剪延伸

此命令实际上除了能修剪线条外，还能延伸线条。其操作如图 2-34 所示。

（1）单一物体。每一次操作仅能修剪一个图素，如图 2-35 所示。

图 2-34　"修剪延伸"命令菜单　　　　图 2-35　单一物体修整

单击"单一图素"命令后，系统首先提示选择需要修整的图素，提示区变为：修整(1):请选择要修整的图素，单击要修整的图素 1 左侧。

注意：选择要修整的图素时，要单击在需要保留的一侧。

系统提示选择修整的边界图素，提示区变为 修整(1) 修整到某一图素，单击修整到的图素 2 后，系统完成"单一图素"修整，结果如图 2-35 所示。

（2）两个物体。每一次操作能同时修剪两个图素。单击"两个物体"命令后，系统依次提示选择需要修整的两个图素完成修整。例如，任意画两条线段，修整后结果如图 2-36 所示。

步骤 1：绘制图素 1 和图素 2。

步骤 2：依次单击"修整"→"修剪延伸"→"两个物体"命令。

步骤 3：根据提示信息单击图素 1 左侧（单击在需要保留的一侧）。

步骤 4：根据提示信息单击图素 2 右侧（单击在需要保留的一侧，因为它也要被图素 1 修剪）。

步骤 5：完成修剪，如图 2-36 右图所示，按 Esc 键退出命令，或直接进行后面的操作。

（3）三个物体。执行这个命令的结果实际上相当于图素 1 与图素 3 做"两个物体"的操作，然后图素 2 与图素 3 也做"两个物体"的操作，而图素 1 与图素 2 却并不做修剪两个图素的操作，如图 2-37 所示。

图 2-36　两个物体修整　　　　　　　图 2-37　三个物体修整

(4) 到某一点。一条线想去掉一段,可以用这个命令,要告诉的是断点在线上的哪一个位置。断点在特征点(交点、中点等)处则最好,直接捕捉特征点即可。如果不在特征点上则可以在需要断开的位置附近(当然越近越好,可以不必在线上)单击鼠标左键,系统能正确选择断点。

例:任意画一条圆弧,修整后结果图 2-38 所示。操作步骤如下。

步骤 1:绘制圆弧。

步骤 2:依次单击"修整"→"修剪延伸"→"到某一点"命令。

图 2-38　到某一点修整

步骤 3:根据提示单击圆弧左侧(需要保留的一侧)。

步骤 4:根据提示,单击在 A 点(在靠近 A 点附近单击鼠标左键)。

步骤 5:完成修剪,按 Esc 键退出命令,或直接进行后面的操作。

(5) 多物修整。这个命令可以将与一条边界线相交的多条线一次剪断。如图 2-39 所示,要求将线 1、2、3、4 以线 5 为边界进行修剪,保留下方部分,操作步骤如下。

步骤 1:依次单击"修整"→"修剪延伸"→"多物修整"命令。

步骤 2:系统提示单击要修整的图素,如图 2-40 所示,依次点选线 1、2、3、4,点选完毕后单击图 2-40 中的"执行"命令。

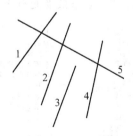

图 2-39　多物体修整

图 2-40　选取要修整的图素菜单

步骤 3:系统提示选择边界线,如:请选择修整的边界线,点选线 5。

步骤 4:系统提示选择要保留的一侧,如:请选择修整后要保留的部分,单击下侧。

步骤 5:完成修剪,如图 2-41 所示。

(6) 回复全圆。该命令是将选择的圆弧封闭成一个圆。

(7) 分割物体。这个命令可以将与一个图素中两个边界线之间的部分剪掉。如

图 2-42(a)所示,要求将线 1 在线 2、3 之间的部分剪断,保留两侧部分。操作步骤如下。

步骤 1:依次单击"修整"→"修剪延伸"→"分割物体"命令。

步骤 2:系统提示单击要修整的图素,如:请选择要分割的曲线,单击线 1。

步骤 3:系统提示选择第一条边界线,如:请选择第一边界线,单击线 2。

步骤 4:系统提示选择第二条边界线,如:请选择第二边界线,单击线 3。

步骤 5:完成修剪,如图 2-42(b)所示。

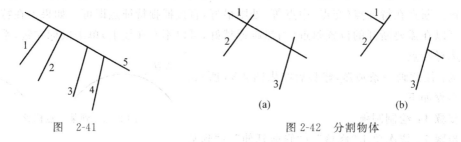

图 2-41   图 2-42 分割物体

3. 打断

"打断"是指将一条完整的线断成两截或多截。

"打断"命令只能断开线条,不能把其中某一段删掉,因此要想去掉某一段,还需要采用"删除"命令来删除。

"打断"命令如图 2-43 所示。

注意:"依指定长度"打断时,长度的测量起点为点选图素时鼠标靠近的一端。

4. 延伸

"延伸"命令可以将选定的线条(直线、弧线、曲线均可)延伸一个给定的长度,如果是曲线,则将沿端点的切线方向延伸。

注意:系统默认的延长长度很小,一般要通过"指定长度"命令来改变延伸长度。

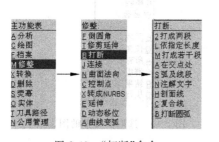

图 2-43 "打断"命令

图 2-44 "转换"命令

2.2.2 转换

"转换"操作主要是对图素整体的编辑,主要包括镜像、旋转、平移等,如图 2-44 所示。

1. 镜像

"镜像"命令可以将选定的图素沿某条直线对称地复制一个,这条直线称为镜像轴。它可以是已绘制好的直线,也可以用鼠标选定两点来"虚拟"地构造不存在的直线,还可以定义 X 轴或 Y 轴作为镜像轴,镜像轴的选取方法如图 2-45 所示。"镜像"对话框如图 2-46 所示。

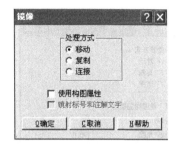

图 2-45 镜像参考轴类型　　　　　　图 2-46 "镜像"对话框

例如,将图 2-47(a)中的线 1 以线 2 为对称轴进行镜像操作,具体结果如图 2-47 所示。

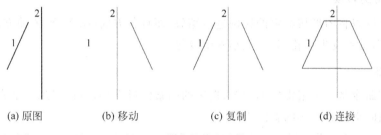

(a) 原图　　　(b) 移动　　　(c) 复制　　　(d) 连接

图 2-47 镜像处理方式结果

镜像操作的步骤如下。

步骤 1:依次单击"转换"→"镜像"命令。
步骤 2:系统提示选取要镜像的图素,选取完毕后单击菜单中的"执行"命令。
步骤 3:依系统提示确定"参考轴"。
步骤 4:确定弹出的对话框中的处理方式。
步骤 5:完成镜像。

2. 旋转

"旋转"命令可对选定的图素按给定的角度进行旋转。单击该命令后,系统提示选择要旋转的图素 旋转:请选择要旋转的图素。选择完毕,单击"执行"命令,系统提示选取基准点 请指定旋转之基准点。此基准点是指旋转的图素将按哪点旋转,选择基准点后,弹出"旋转"对话框,如图 2-48 所示。

此处的处理方式项与镜像命令的相同,"次数"是指旋转后的图素数量,当次数大于 1 时,才有旋转复制的意义。"移动"方式表示原对象不保留,"复制"方式表示原对象保留。

"旋转角度"是指图素旋转的角度。

3. 按比例缩放

该命令可以将图形按给定的比例进行缩放,而且各方向(指 X、Y、Z 轴方向)的比例可以不一样(这时图形的形态会发生变化),"按比例缩放"对话框如图 2-49 所示。

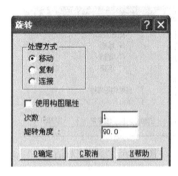

图 2-48 "旋转"对话框

图 2-49 "按比例缩放"对话框

4. 等比例转换

该命令可以将图形按给定的比例进行缩放,而且各方向(指 X、Y、Z 轴方向)的比例相同,图形的形态不发生变化,只是大小发生变化。

5. 平移

"平移"命令是一个很常用的命令,选定的图素经过平移,可以得到一个或多个与原图素平行的相同形状和大小的新图素。

单击该命令后,系统提示选择要平移的图素,选择完毕,单击"执行"命令,系统提示单击平移的方向,如图 2-50 所示。

6. 单体偏置

这里偏置有时翻译为补正,这个命令可以将直线、圆弧或曲线按给定的法向距离向指定的一侧偏移复制。

图 2-50 平移方向菜单

单击该命令后,弹出"单体偏置"对话框,如图 2-51 所示,此处参数的含义与其他命令相同,不再复述。

7. 串连偏置

该命令是将一个由多条线首尾相接组成的外形轮廓进行偏置。串连偏置操作的参数设置对话框如图 2-52 所示,其中的"处理方式"、"次数"与其他命令的含义相同,"转角之设定"是指在图形放大偏置和加工时转角处的处理方式,图形放大偏置时转角处不同的设置情况如图 2-53 所示,加工时转角处的不同设置情况见图 2-54。

MasterCAM 9.1 中,转角小于 135°属于"尖角",加工时建议刀具应该走圆弧,但如果要让刀具在加工时全部走圆弧,则在转角设置时选择"全圆角"选项。

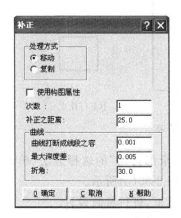

图 2-51 "单体偏置"对话框

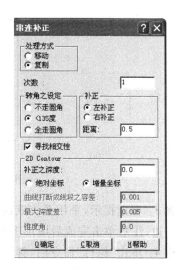

图 2-52 "串连偏置"对话框

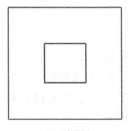

(a) 不走圆角

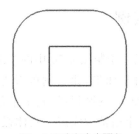

(b) <135°和全走圆角

图 2-53 串连偏置转角设置结果

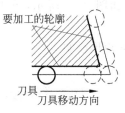

(a) 不走圆角

(b) <135°和全走圆角

图 2-54 加工时转角处的不同设置情况

对话框中的"补正"用于确定偏置的方向,MasterCAM 中"补正"分为"左补正"和"右补正"两种,"左补正"和"右补正"与单击图素时箭头方向有关,可以这样设想,站在箭头起点,眼睛朝着箭头指向的方向,如果希望补正后的图形在左手边,则选择左补正,反之选择右补正。

例:画一边长为 50 的正方形,完成串连偏置。操作步骤如下。

步骤 1:画一边长为 50 的正方形,如图 2-55(a)所示。

步骤 2:依次单击"转换"→"串连偏置"命令。

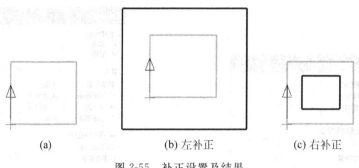

(a)   (b) 左补正   (c) 右补正

图 2-55   补正设置及结果

步骤 3：根据提示，采用系统默认的"串连方式：全部自动"的选择方法，单击正方形的任意一边，注意单击完成后图形上的箭头方向，如图 2-55(a)所示。

步骤 4：单击"执行"命令后，弹出"串连偏置"对话框，进行参数设置。

步骤 5：完成偏置，按 Esc 键退出命令，或直接进行后面的操作。

2.3   综合实例

例 2.1   按尺寸绘制图 2-56 中的二维图形(不标尺寸)。

思路分析：分析图形，此实例可看为由宽 88 高 68 的矩形、半径 44 的半圆、半径 25 的半圆及两个直径 25 的圆组成，其中半径 25 的半圆和矩形要进行修整，直径 25 的圆可以画出一个，另一个由镜像完成。具体操作步骤如下。

1. 绘制矩形

步骤 1：依次单击"绘图"→"矩形"→"一点"命令。

步骤 2：设置"矩形绘制：一点"对话框，如图 2-57 所示，单击对话框中的"确定"按钮。

步骤 3：单击"抓点方式"中的"原点"，完成矩形绘制。

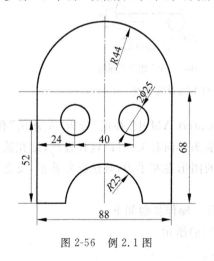

图 2-56   例 2.1 图

图 2-57   "绘制矩形：一点"对话框

2. 绘制 R44 半圆

步骤 1：依次单击"绘图"→"圆弧"→"两点画弧"命令。

步骤 2：单击刚刚绘制矩形的左上点为圆弧第一点，单击矩形右上点为圆弧第二点，通过键盘输入半径值"44"，单击鼠标右键完成输入。

步骤 3：单击上半圆弧，完成绘制如图 2-58 所示。

3. 绘制直径 25 圆弧

步骤 1：依次单击"绘图"→"圆弧"→"点直径圆"命令。

步骤 2：通过键盘输入直径值"25"，单击鼠标右键完成输入。

步骤 3：抓点方式选择"相对点"，系统提示 抓点方式:相对点:请指定已知点 。单击矩形左下角顶点为基准点。

步骤 4：直接通过键盘输入相对坐标"24,52"。单击鼠标右键完成输入，完成绘制如图 2-59 所示。

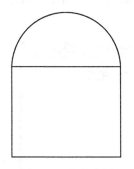
图 2-58　绘制半圆

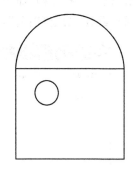
图 2-59　绘制直径为 25 圆弧

4. 绘制半径 25 圆弧

步骤 1：单击功能表中"上层功能表"。

步骤 2：单击"点半径圆"命令，通过键盘输入半径值"25"，单击鼠标右键完成输入。

步骤 3：根据系统提示确定抓点方式，用鼠标靠近矩形底边中部自动捕捉中点，单击鼠标左键确定，完成绘制如图 2-60 所示。

5. 编辑完成绘图

步骤 1：镜像 φ25 圆。依次单击"转换"→"镜像"命令，点选 φ25 圆，再依次单击"执行"→"Y 轴"，单击"处理方式"对话框中"复制"选项，完成镜像操作。

步骤 2：编辑图形下半部。依次单击"转换"→"修整"→"分割物体"命令，单击 R25 圆内线段为要分割图素，单击 R25 圆弧左半圆弧为第一边界，R25 圆弧右半圆弧为第二边界，完成分割如图 2-61 所示。

步骤 3：修剪 R25 圆弧。依次单击"转换"→"修整"→"单一物体"命令，单击圆弧上半部分为要修整的图素，单击矩形底边为修整到图素，完成修整如图 2-62 所示。

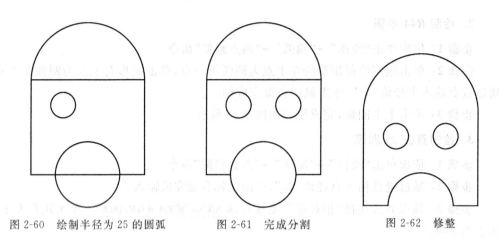

图 2-60　绘制半径为 25 的圆弧　　图 2-61　完成分割　　图 2-62　修整

6. 保存图形

依次单击"档案"→"存档"命令,弹出"存档"对话框,如图 2-63 所示。选中"储存预览图片",选择保存路径,给定"档名",完成保存操作。

图 2-63　"存档"对话框

本实例主要加强学生对矩形和圆弧的绘制、修整、转换命令的使用。在绘制直径为 25 的圆时,要注意"相对点"命令的使用。在对半径为 25 的半圆和矩形进行修整时,要注意在进行"分割物体"命令操作过程中边界的选取。此外在保存文件时,要注意选中"储存预览图片"选项,这样在打开文件时会非常方便。

例 2.2　按尺寸绘制图 2-64 中的二维图形(不标尺寸)。

思路分析:此实例可看为由两个矩形、6 段半径为 20 的圆弧、6 个直径为 10 的圆及倒圆角组成。在绘图时要注意编辑命令及图素选取方法的使用,具体操作步骤如下。

1. 绘制(110,61)矩形

方法同例 2.1 步骤 1,绘制(110,61)矩形,基准点取原点。

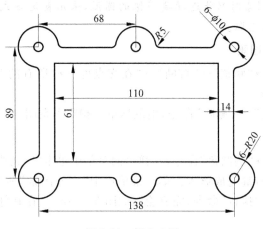

图 2-64　例 2.2 图

2. 绘制(138,89)矩形

采用同样的方法,绘制(138,89)矩形,基准点取原点,完成绘制如图 2-65 所示。

3. 绘制 $\phi10$、$R20$ 圆弧

绘制 $\phi10$、$R20$ 圆弧,如图 2-66 所示。

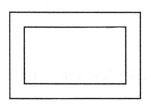　　　　　　　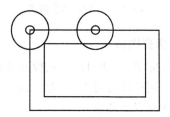

图 2-65　绘制矩形　　　　　　　　图 2-66　绘制圆

4. 镜像编辑圆弧

依次单击"转换"→"镜像"命令,单击"窗选"方法,窗选 4 个圆弧为镜像图素,单击"执行"→"X 轴",完成镜像如图 2-67 所示。

同理,完成右侧圆弧镜像如图 2-68 所示。

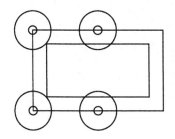　　　　　　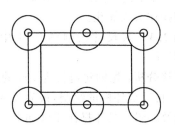

图 2-67　镜像编辑圆弧 1　　　　　图 2-68　镜像编辑圆弧 2

注意：此次镜像图素时只能选择要镜像的圆弧,采用窗选方式时不能同时选中矩形的边线,因此要分两次选取。

5. 编辑删除多余图素

依次单击"转换"→"修整"→"打断"→"在交点处"→"所有的"→"图素"→"执行"命令,将相交的图素打断。

单击"回主功能表"→"删除"命令,用鼠标单击删除多余图素,如图6-69所示。

6. 倒圆角

依次单击"修整"→"倒圆角"命令,在弹出的菜单中单击"圆角半径"命令,输入半径值为"5",然后单击鼠标右键完成输入。单击菜单栏中"串连图素"命令,根据提示单击外轮廓任一图素,然后单击"执行"命令,完成绘制如图2-70所示(在软件界面中图素的颜色发生了改变)。

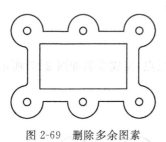

图 2-69 删除多余图素   图 2-70 倒圆角

7. 保存图形

操作完毕,完成对图素的保存工作。

本实例操作练习中,主要是进一步熟悉绘图、修整、转换及删除命令的使用,在操作中要特别注意以下几点。

(1) 绘制两个矩形时可用分别绘制的方法,也可采用串连偏置的方法。

(2) 在镜像图素时只选择要镜像的图素,不要多选图素,否则将会出现多个图素重叠的情况,此时我们是看不出来的,但在进行曲面或实体操作时将会产生错误,这是特别要注意的。

(3) 在删除多余图素时,采取将所有图素打断后删除的方法是最简单的。

(4) 在本例中倒圆角操作时采用串连的方法可以使操作大大简化。

例 2.3 按尺寸绘制图 2-71 中的二维图形(不标尺寸)。

思路分析：先创建边长为100的正方形,完成偏置后,再完成外框的绘制,最后完成多条平行线的绘制及编辑。具体操作步骤如下。

1. 绘制(100,100)矩形

依次单击"绘图"→"下一页"→"多边形"命

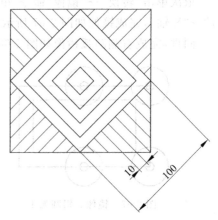

图 2-71 例 2.3 图

令,设置多边形对话框如图 2-72(a)所示,单击"确定"按钮,单击"原点"为基准点,完成矩形绘制如图 2-72(b)所示。

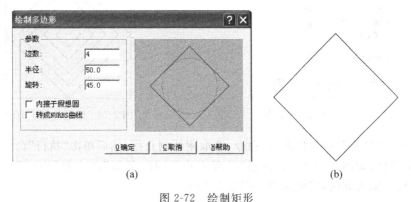

图 2-72　绘制矩形

2. 编辑绘制内部正方形

依次单击"转换"→"串联偏置"命令,选择系统默认的"串连—自动全部"方式。选取矩形任一边(注意箭头方向,确认补正方向),然后单击"执行"命令,弹出"设置偏置"对话框如图 2-73 所示(注意"处理方式"选择"复制","次数"为"4"),单击"确定"按钮,完成偏置如图 2-74 所示。

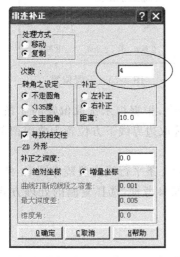 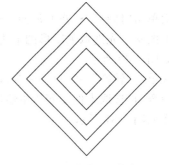

图 2-73　"设置偏置"对话框　　　　　图 2-74　绘制内部正方形

3. 绘制外部正方形

依次单击"绘图"→"下一页"→"边界盒"命令,弹出"边界盒"对话框,如图 2-75 所示。单击"确定"按钮完成绘制,如图 2-76 所示。

4. 绘制编辑平行线

依次单击"绘图"→"直线"→"任意线段"命令,绘制结果如图 2-77 所示。

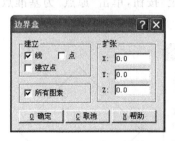

图 2-75 "边界盒"对话框

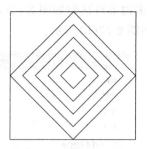

图 2-76 绘制外部正方形

依次单击"转换"→"单体偏置"命令,选取刚绘制直线,然后单击"执行"命令,弹出"设置偏置"对话框,如图 2-78 所示(注意"处理方式"选择"复制","次数"为"4")。单击"确定"按钮,确定偏置方向,完成偏置如图 2-79 所示。

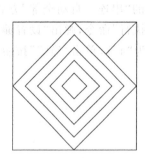

图 2-77 编辑平行线

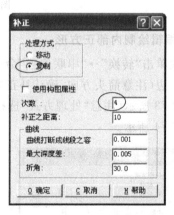

图 2-78 设置偏置

依次单击"修整"→"修剪延伸"→"多物修整"命令,根据提示选取偏置的 4 条平行线为要修剪图素。先选取大矩形的上边为边界线,再选取边界线下方位置为要保留部分,完成修剪如图 2-80 所示。

依次单击"转换"→"镜像"命令,选取偏置出来的 4 条平行线为要镜像图素,然后单击"执行"命令,再选取本例步骤 4 中绘制的直线为镜像参考轴,选择复制的处理方式,完成镜像操作如图 2-81 所示。

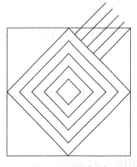

图 2-79 平行线

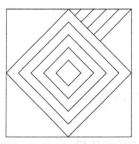

图 2-80 修剪结果

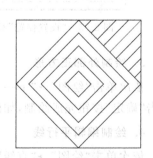

图 2-81 镜像操作

依次单击"转换"→"旋转"命令,用"窗选"方法选择刚刚完成的 9 条平行线段(注意窗选范围,不能选中其他图素,如图 2-82 所示),然后单击"执行"命令,选取"原点"为旋转基准点,"旋转"对话框如图 2-83 所示,单击"确定"按钮,完成旋转操作如图 2-84 所示。

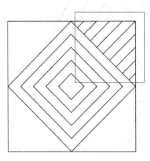  

图 2-82 窗选图素　　　　图 2-83 "旋转"对话框　　　　图 2-84 旋转操作

在本例中要注意以下几点。
(1) 软件中很多命令具有连续性,灵活使用能大大简化操作,应加以注意。
(2) 绘制两个正方形时分别采用"多边形"和"边界盒"的方法会非常简单。
(3) 在多条平行线绘制时要注意使用"单体偏置"和"转换"命令中的"次数"选项。
(4) "多物修整"命令操作时要特别注意"提示区"提示信息。

综合练习

1. 用 MasterCAM 9.1 中的"直线"命令,按尺寸绘制图 2-85,注意不要标注尺寸。

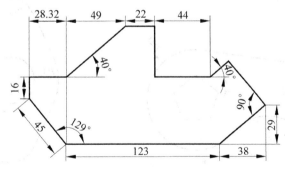

图 2-85 练习题 1 图

2. 综合应用 MasterCAM 9.1 绘制图 2-86～图 2-91，注意不要标注尺寸。

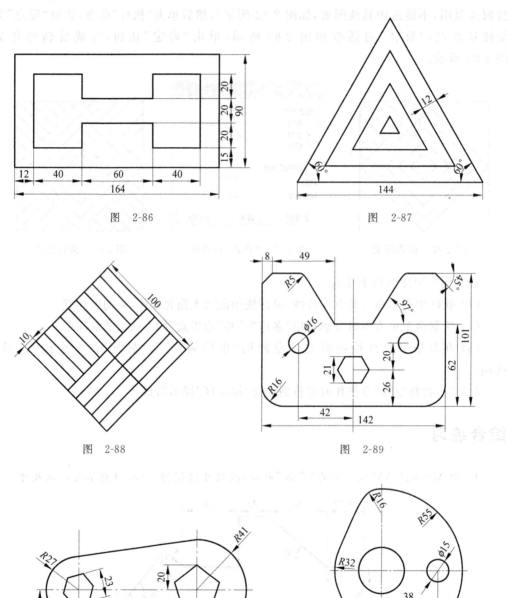

图 2-86

图 2-87

图 2-88

图 2-89

图 2-90

图 2-91

第 3 章 曲面的创建与编辑

3.1 三维造型基础

MasterCAM 除了具有强大的二维绘图功能外，还同样具有强大的三维绘图功能。自 7.0 版之后引入的实体造型功能，扩展了 MasterCAM 的三维造型能力。利用三维绘图功能可以绘制各种三维的曲线、曲面及实体等，同时还提供了三维对象的编辑命令。从本章开始介绍绘制及编辑三维对象的有关知识。

MasterCAM 9.1 中的三维模型可以分为线框模型、曲面模型以及实体模型三种。这三种模型从不同角度来绘制一个物体。它们各有侧重、各具特色，用户可以根据不同的需要加以选择。线框模型用来描述三维对象的轮廓，它主要由点、直线、曲线等组成，不具有面和体的特征，不能进行消隐、渲染等操作。曲面模型描述三维对象的轮廓和表面，各种曲面都由若干个小的平面组成。实体模型具有体的特征，可以进行布尔运算。

在介绍如何绘制三维模型之前，先介绍在三维模型绘制中如何选用适合的视角和构图面。通过设置不同的构图面观察并绘制三维图形，随时查看绘图效果，以便及时进行修改和调整，同时可以设置不同的构图面，在设置的构图面中绘制图形。

用户可以直接在工具栏中单击视角和构图面按钮来改变当前的视角和构图面设置，也可以单击下一级菜单中的构图面和荧幕视角按钮，通过弹出如图 3-1 所示的荧幕视角子菜单和构图面子菜单来设置视角和构图面。

MasterCAM应用教程

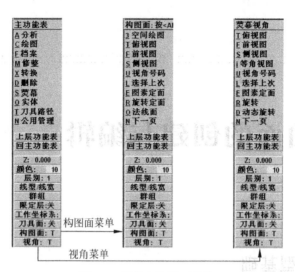

图 3-1 视角和构图面菜单

3.2 设置视角、构图面和构图深度

工具栏中用来改变视角的按钮有 ⊕⊕⊎⊅⊆。单击 ⊕ 按钮,系统将当前视角设置为等角视角;单击 ⊎ 按钮,视角设置为俯视角;单击 ⊅ 按钮,视角设置为前视角;单击 ⊆ 按钮,视角设置为侧视角;单击 ⊕ 按钮,视图在绘图区域选取一点后,通过鼠标可以动态地改变当前的视角。

工具栏中用来改变构图面的按钮有 ⊕⊕⊕⊕。单击 ⊕ 按钮,系统将当前构图面设置为顶视角构图面;单击 ⊕ 按钮,视角设置为前视角;单击 ⊕ 按钮,视角设置为侧视角;单击 ⊕ 按钮,视角设置为空间构图面(也称为3D构图面)。当构图面设置为3D构图面时,用户可以在整个三维空间中构图。如可以选取空间中的任意点,在不同的平面内绘制圆弧等。

选择下一级菜单中的Z选项(如图3-2所示)可用来改变当前的构图深度,这时在主功能表区显示出输入坐标值的对话框。在绘图区选取一点,系统利用该选取点来定义当前构图深度,即当前的构图面为平行于原构图面而且通过该选取点坐标值(沿构图面法线方向为正)的平面。

练习指导 3.2.1:创建图3-3所示的线框图素模型。

操作步骤如下。

步骤1:打开 MasterCAM 软件,进入界面选取俯视图构图面和俯视角来观察绘图过程,然后单击主功能表中的 Z: 0.000 ,输入"−50",绘制一个直径为100mm的圆,放置在原点,绘制后如图3-4所示。

步骤2:采用同样的方法,再更改构图深度Z0,绘制一个直径为30mm的圆,放置在原点,绘制后如图3-5所示。

图 3-2 构图深度菜单

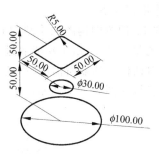

图 3-3 线框图素模型

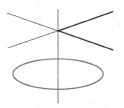

图 3-4 绘制构图深度为 Z-50
且 φ100 的圆

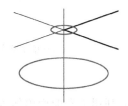

图 3-5 绘制构图深度为 Z0
且 φ30mm 的圆

步骤 3：采用同样的方法，再更改构图深度 Z50，绘制一个圆角半径为 5mm，宽和高均为 50mm 的矩形，放置在原点，绘制后如图 3-6 所示。

曲面的创建和曲面的编辑命令全部在主功能表中"绘图"→"曲面"菜单下，查找起来很方便。曲面创建的命令位置及功能如图 3-7 所示。

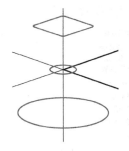

图 3-6 绘制构图深度为 Z50 的矩形

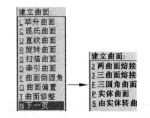

图 3-7 曲面创建的命令位置及功能

3.3 曲面的创建

3.3.1 举升曲面

绘制举升曲面的方法是将多个截面形状（截面形状简称形，后同）按一定的算法顺序连接起来形成曲面。该曲面一定是通过每一个截面的，由此生成的曲面称为举升曲面。

举升曲面的创建方法见练习指导 3.3.1。

练习指导 3.3.1：运用举升曲面（单体模式）创建曲面，最终生成的零件模型如图 3-8(a)所示。

操作步骤如下。

步骤 1：俯视图构图面绘制 50mm×25mm 矩形。选取"俯视图构图面：T"，视角为"俯视图视角：T"，单击主功能表进入子菜单，在子菜单中选取矩形，创建"一点方式"的矩形，出现对话框。选取所需的"中心捕捉"方式绘制一个长为 50mm、宽为 25mm，中心在原点的矩形，如图 3-8(b)所示。

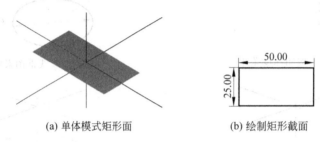

(a) 单体模式矩形面　　　　(b) 绘制矩形截面

图 3-8　矩形创建

步骤 2：利用举升曲面单体模式绘制 50mm×25mm 矩形曲面。在主功能表中单击"绘图"→"曲面"→"举升曲面"→"单体"命令，如图 3-9 所示。之后分别选取已创建的矩形的两条对边（注意：对边选取时箭头起始的方向要一致，否则会生成扭曲的曲面），选定之后两条对边变成亮白色，表示已经定义了外形。单击"执行"命令完成曲面创建操作。如果显示的矩形曲面为栅格形式，是因为未对曲面着色。对曲面着色有两种方法：一种是利用键盘快捷方式着色，快捷键为 Alt＋S；另一种是在快捷图标中单击 ●，显示着色菜单，选中"使用着色"，如图 3-10 所示，最后生成矩形曲面，如图 3-11 所示。

图 3-9　在绘图菜单中分别选取曲面单体模式定义

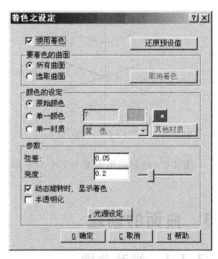

图 3-10　利用图标快捷方式着色

练习指导 3.3.2：运用举升曲面创建曲面，最终生成的零件模型如图 3-12 所示。

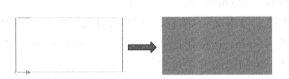
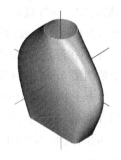

图 3-11　分别选取矩形两条对边生成矩形曲面　　　图 3-12　创建出的举升曲面

操作步骤如下。

步骤 1：创建三个平行的截面。

（1）打开 MasterCAM 软件，单击"档案"→"开启新档案"命令（为的是采用系统的原始设置，避免受到更改设置的影响）。进入界面单击俯视图构图面和俯视角来观察绘图过程，绘图之前为更好地捕捉绘图的位置，这里建议按键盘中的 F9 键，MasterCAM 软件绘图界面会出现红色的坐标线（如图 3-13 所示），在当前构图深度 Z: 0.000，单击"绘图"→"下一页"→"椭圆"命令绘制一个椭圆（X 轴半径为 50mm，Y 轴半径为 20mm）截形 1，位置放在原点（如图 3-14 所示），绘制椭圆的方法可参见第 2 章。

图 3-13　按键盘快捷键 F9 后绘图界面显示

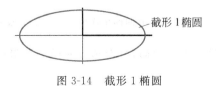

图 3-14　截形 1 椭圆

(2) 单击视角图标等角视图 ⟦图标⟧,方便观察截形的摆放位置,然后单击主功能表中的 ⟦Z:0.000⟧,输入"Z—50"(只要一开始单击构图深度 ⟦Z:0.000⟧ 图标,就会在左下方提示区中自动弹出输值框),然后回车完成构图深度 Z—50 的修改。即在椭圆下方绘制一个长为 60mm、宽为 25mm、中心在原点(此原点在椭圆的原点下方 50mm 处)的矩形截形 2(如图 3-15 所示),并将 4 个角倒出 5mm 的圆角。绘制矩形和倒圆角的方法可参见第 2 章。

(3) 单击主功能表中的 ⟦Z:0.000⟧,从键盘输入 Z50,然后回车完成构图深度 Z50 的修改操作。即在椭圆上方绘制一个半径为 15mm,中心在原点(此原点在椭圆的原点上方 50mm 处)的圆截形 3(如图 3-16 所示)。绘制圆的方法可参见第 2 章。

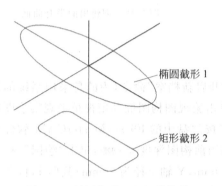 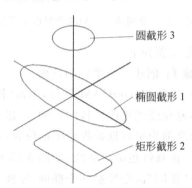

图 3-15 椭圆截形 1 和矩形截形 2　　　　图 3-16 椭圆截形 1、矩形截形 2 和圆截形 3

步骤 2:利用三个平行的截形创建曲面。

(1) 将矩形右边短线从中间断开。单击"修整"→"打断"→"打成两段"命令,再选择矩形右边的短线,并捕捉该线的中点(在创建举升曲面时,要求选择的各个截形要同起点、同方向,到时会出现箭头以供判断,否则,生成的曲面会发生扭曲现象,使曲面失真,特别是方向若不同向,生成的曲面甚至会扭曲得"惨不忍睹"。此例的矩形,如果不做本步的打断工作,后面生成的曲面还只会稍微有点扭曲,不仔细看可能发现不了。要注意使各截形"同步、同向",后面的几种曲面创建时也要注意此问题),此时断点生成。

(2) 创建举升曲面过程。单击主功能表中"绘图"→"曲面"→"举升曲面"→"串连"命令,按菜单提示选择截形 2。用鼠标选择矩形,注意鼠标应单击在刚断开的位置附近,这时矩形会变成明亮的白色,同时在断点处出现箭头,如图 3-17 所示。

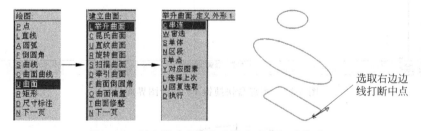

图 3-17 创建举升曲面串连模式选取矩形截形 2

注意:记住这个箭头的起点和方向,后面选择的两个截形的起点和方向要与它一致,

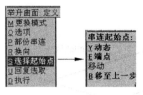

图 3-18 改变参数

否则会生成扭曲的曲面。

如果不满意这个起点和方向,可以对此时出现在菜单中的相应选项进行修改(如图 3-18 所示)。

提示定义外形 2——单击椭圆,注意起点和方向要与矩形的方向一致。

提示定义外形 3——单击圆,注意起点和方向要与矩形的方向一致。

单击"执行"命令,此时提示其实是"定义外形 4",忽略即可,则三个截形选择完成。这时菜单提示如图 3-19 所示。

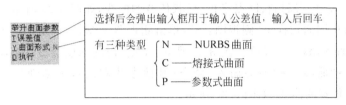

图 3-19 创建曲面设置

一般情况下,不需改变设置,使用默认设置就可以。直接单击"执行"命令,系统根据已经给出的各个条件生成曲面,如图 3-20 所示。它是为着色时用一些线条"勾勒"出曲面的形状,要看到逼真的效果,需要进行着色处理。着色的方法参照练习指导 3.3.1。

3.3.2 昆氏曲面

昆氏曲面用于自由曲面的创建,它比其他曲面的创建要麻烦一些,变化较多。昆氏曲面是由熔接 4 个边界曲线生成的许多个曲面片组成的。有两种选取串连方式用来定义曲面的曲面片:自动串连方式和手动串连方式。

下面将通过 4 个实例介绍昆氏曲面的创建过程,相信通过这 4 个实例的学习,将对昆氏曲面有一个系统的了解。

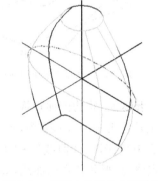

图 3-20 创建出的举升曲面线框

练习指导 3.3.3:昆氏曲面——自动串连方式创建如图 3-30 所示的一个"被形"曲面。

操作步骤如下。

步骤 1:制作一个矩形(为创建"被形"曲面做准备)。打开 MasterCAM 软件,选定构图面为"俯视图:T",视角为"俯视角:T",构图深度为 Z0,单击主功能表中的"绘图"→"矩形"命令,绘制一个长为 60mm、宽为 35mm 的矩形,中心放置在原点。

步骤 2:将视角切换到"等角视角:i",将观测角度改为轴侧视图状态,此时图形如图 3-21 所示。

步骤 3:将构图面切换至"前视图:F",按下"前视图 图标"。单击主功能表中的 Z: 0.000 项,然后单击图 3-21 所示 A 点,构图深度会变为 Z: 17.500 。单击主功能表中"绘图"→"曲线"→"手动输入"命令(其他参数默认),手动创建一条 A 点起始、B 点终止、形状任意的曲线,如图 3-22 所示。

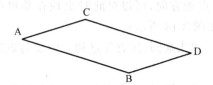
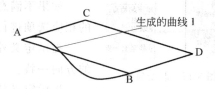

图 3-21　轴侧方向观察的矩形　　　图 3-22　在 A 点和 B 点所在的前平面上画曲线

步骤 4：在"前视图：F"构图面,参考步骤 2,将构图深度 Z 改到图 3-22 所示的 C 点,构图深度会变为 Z:-17.500,单击主功能表中"绘图"→"曲线"→"手动输入"命令(其他参数默认),手动创建一条 C 点起始、D 点终止、形状任意的曲线,如图 3-23 所示。

步骤 5：将构图面切换至"侧视图：S",单击侧视图 图标,视角仍然为等角视角。单击主功能表中的 Z:0.000 项,再单击图 3-22 所示 A 点,构图深度会变为 Z:-25.000。单击主功能表中"绘图"→"曲线"→"手动输入"命令(其他参数默认),手动创建一条 A 点起始、C 点终止、形状任意的曲线,如图 3-24 所示。

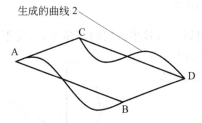
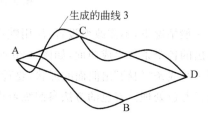

图 3-23　在过 C 点前平面上画曲线　　　图 3-24　在过 A 点侧平面上画曲线

步骤 6：将构图面切换至"侧视图：S",单击侧视图 图标,视角仍然为等角视角。单击主功能表中的 Z:0.000 项,再单击图 3-22 所示 A 点,构图深度会变为 Z:25.000。单击主功能表中"绘图"→"曲线"→"手动输入"命令(其他参数默认),手动创建一条 B 点起始、D 点终止、形状任意的曲线,如图 3-25 所示。

步骤 7：准备创建昆氏曲面。(为了操作方便可以更换至新的图层绘制昆氏曲面。)

步骤 8：单击主功能表中"绘图"→"曲面"→"昆氏曲面"命令,弹出一个如图 3-26 所示的对话框。单击 是 按钮表示系统自动通过对 4 条曲线的熔接生成昆氏曲面。

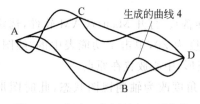
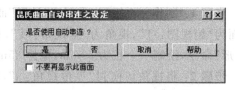

图 3-25　在过 B 点侧平面上画曲线　　　图 3-26　昆氏曲面自动串连提示框

步骤 9：此时菜单处的提示如图 3-27 所示,可以直接单击曲线创建曲面,但是有时要先改角度(分岔角度)的大小(默认值为 30°),因为两条曲线之间的角度如果小于设置的角度,按系统内的算法将不能计算出结果,因而就不能生成曲面。

步骤 10：按图 3-27 中提示选择左上角相交的一条曲线——单击图 3-22 中所示的曲线 1。

步骤 11：按图 3-27 中提示选择与之相交的一条曲线——单击图 3-24 中所示的曲线 3。

步骤 12：按图 3-28 中提示选择右下角的任一条曲线——单击图 3-23 中所示的曲线 2 或图 3-25 中所示的曲线 4。

步骤 13：选取后提示如图 3-29 所示,不修改默认设置,直接单击其中的"执行"命令。

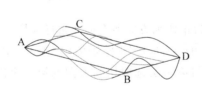

图 3-27　参数设置 　　　图 3-28　选取昆氏曲面自动串连　　　图 3-29　生成昆氏曲面
　　　　　　　　　　　　　　　　选取第三条曲线　　　　　　　　　　　参数设置

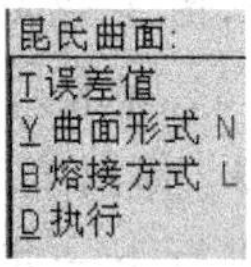

说明：如图 3-29 所示昆氏曲面菜单中的熔接方式选项用来设置产生昆氏曲面时的熔接方式,可以设置为 L、P、C、S 四种。当曲面是非常平直的时候选用 L；当曲面有较大的曲率时选用 P 抛物线熔接；当曲面有更大的曲率时选用 C 三次式曲线熔接；当抛物线或三次式曲线在曲面上产生平点的时候选用 S 三次式曲线配合斜率熔接。

步骤 14：此时曲面已经生成,但是它是由若干网状线条表示的,如图 3-30 所示。此时为未着色。如需着色,同时按住键盘上的 Alt＋S 快捷键给曲面着色。

着色后的曲面是否像一条"被子"呢？

练习指导 3.3.4：昆氏曲面——手动串连方式创建如图 3-31 所示的矩形曲面。

图 3-30　生成的昆氏曲面的线框图　　　图 3-31　经着色后的矩形曲面

操作步骤如下。

步骤 1：打开 MasterCAM 软件,选定构图面为"俯视图：T",视角为"俯视角：T",构图深度为 Z0,单击主功能表中"绘图"→"矩形"命令,绘制一个长为 60mm,宽为 35mm 的矩形,中心放置在原点,如图 3-32 所示。

步骤 2：单击主功能表中"绘图"→"曲面"→"昆氏曲面"命令,弹出一个图 3-26 所示的对话框。单击 否 按钮,提示区弹出菜单如图 3-33(a)所示,选取切削方向的缀面

(a)　"切削方向的缀面数目"输入框

(b)　"截断方向的缀面数目"输入框

图 3-32　矩形　　　图 3-33　切削和截断方向的缀面数目

数目,用键盘输入数值"1"再回车。提示区弹出菜单如图3-33(b)所示,选取截断方向的缀面数目,用键盘输入数值"1"回车。

说明:昆氏曲面创建方式中采用手动创建方式创建时会出现切削方向的缀面数目和截断方向的缀面数目的确定问题。什么是缀面呢?它可以理解为昆氏曲面是由若干个小面片拼凑在一起组成的。而这些小面片必须是由"独立的线框"构成的曲面,此时还要确定切削方向和截断方向,而这两个方向都以同一点为起点,这个点是指曲面最外侧边界的交点,例如,图3-32矩形中的A点可以把它假定为起点,这样就将矩形分割为两个方向的线,如图3-34所示。

步骤3:弹出菜单如图3-35所示,选取"单体"(不能选择自动串连,否则无法生成昆氏曲面),进行下一步操作前,操作者先确定切削方向和截断方向共同的起点,这里以图3-32中的A点作为起点,而后用鼠标单击图3-32中的AB直线作为"定义切削方向:段落1外形1",之后信息提示 昆氏曲面:定义 切削方向:段落1 外形2 。

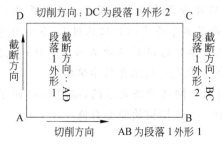
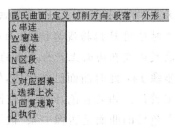

图3-34 将矩形分成两个方向并判定切削方向和截断方向线形

图3-35 昆氏曲面选择线形的模式

步骤4:单击CD直线,箭头起点为D,到此为止切削方向所有的线选择完毕。

步骤5:信息提示选择 昆氏曲面:定义 截断方向:段落1 外形1 对应的图素为图3-34中的AD直线(注意:第一次选取截断方向的第一个图素必须与第一次选取切削方向的第一个图素的起点一致)。

步骤6:信息提示 昆氏曲面:定义 截断方向:段落1 外形2 ,再单击BC直线。

步骤7:信息提示 昆氏曲面:连结完毕 ,如图3-36所示,最后单击"执行"命令。

步骤8:信息提示如图3-37所示(不变更默认生成昆氏曲面的方式,包括误差值、曲面形式N、熔接方式L),直接单击"执行"命令,呈现栅格来表达曲面,表示曲面未着色,按Esc键后,按照"练习指导3.3.3步骤14"中的方法给曲面着色,着色后的曲面如图3-31所示。

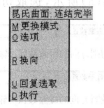

图3-36 昆氏曲面线形选择完毕提示框

图3-37 生成昆氏曲面模式提示框

练习指导 3.3.5：昆氏曲面——手动串连方式创建如图 3-38 所示的"扇形"曲面。
操作步骤如下。

步骤 1：打开 MasterCAM 软件,选定构图面为"俯视图：T",视角为"俯视角：T",构图深度为 Z0,单击主功能表中"绘图"→"直线"→"连续线"命令,绘制如图 3-39 所示的"扇形"图形,尺寸任意给出。

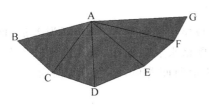

图 3-38 利用"昆氏曲面"生成"扇形"面

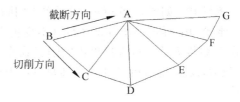

图 3-39 "扇形"线框

步骤 2：单击主功能表中"绘图"→"曲面"→"昆氏曲面"命令,弹出一个如图 3-26 所示的对话框。单击 否 按钮,提示区弹出菜单如图 3-40 所示,选取切削方向的缀面数目,用键盘输入数值"5"回车,提示区弹出菜单如图 3-41 所示,选取截断方向的缀面数目,用键盘输入数值"1"回车。

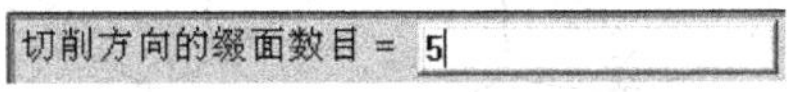

| 切削方向的缀面数目 = 5 |

图 3-40 "切削方向的缀面数目"输入框

| 截断方向的缀面数目 = 1 |

图 3-41 "截断方向的缀面数目"输入框

说明：这里假定切削方向和截断方向的共同起点为 B 点,那么这个"扇形"的线框可以按图 3-39 所示将它分成两个方向,确定切削方向被截断方向的线分成 5 段,而截断方向被切削方向分成 1 段,故在图 3-40 中的输入框输入"5",在图 3-41 中的输入框输入"1"。

步骤 3：弹出菜单如图 3-35 所示,选取"单体"(不能选择"自动串连",否则无法生成昆氏曲面),进行下一步操作前,操作者先确定切削方向和截断方向共同的起点,这里以图 3-39 中的 B 点作为起点,而后用鼠标单击图 3-39 中的 BC 直线作为"定义切削方向：段落 1 外形 1",之后提示 昆氏曲面:定义 切削方向:段落 2 外形 1。

步骤 4：单击 CD 直线,之后提示 昆氏曲面:定义 切削方向:段落 3 外形1。

步骤 5：单击 DE 直线,之后提示 昆氏曲面:定义 切削方向:段落 4 外形 1。

步骤 6：单击 EF 直线,之后提示 昆氏曲面:定义 切削方向:段落 5 外形 1。

步骤 7：单击 FG 直线,之后提示 昆氏曲面:定义 切削方向:段落 1 外形 2。

步骤 8：此时单击菜单中"更换模式",选择菜单中"T 单点",再单击 A 点,之后提示 昆氏曲面:定义 切削方向:段落 2 外形 2。

步骤 9：单击菜单中"T 单点",单击 A 点,之后提示 昆氏曲面:定义切削方向:段落3外形2。

步骤 10：单击菜单中"T 单点",单击 A 点,之后提示 昆氏曲面:定义切削方向:段落4外形2。

步骤 11：单击菜单中"T 单点",单击 A 点,之后提示 昆氏曲面:定义切削方向:段落5外形2。

步骤 12：单击菜单中"T 单点",单击 A 点,之后提示 昆氏曲面:定义截断方向:段落1外形1。

步骤 13：单击菜单中"单体",单击 BA 直线,之后提示 昆氏曲面:定义截断方向:段落1外形2。

步骤 14：单击 CA 直线，之后提示 昆氏曲面 定义 截断方向 段落1 外形3 。

步骤 15：单击 DA 直线，之后提示 昆氏曲面 定义 截断方向 段落1 外形4 。

步骤 16：单击 EA 直线，之后提示 昆氏曲面 定义 截断方向 段落1 外形5 。

步骤 17：单击 FA 直线，之后提示 昆氏曲面 定义 截断方向 段落1 外形6 。

步骤 18：单击 GA 直线，之后提示 昆氏曲面 连接完毕 。

步骤 19：如图 3-36 所示，最后单击"执行"命令。

步骤 20：提示如图 3-37 所示（不变更默认生成昆氏曲面的方式，包括误差值、曲面形式 N 熔接方式 L），直接单击"执行"命令，呈现栅格来表达曲面，表示曲面未着色，按 Esc 键后，按照"练习指导 3.3.3 步骤 14"中的方法给曲面着色，着色后的曲面如图 3-38 所示。

练习指导 3.3.6：昆氏曲面——手动串连方式创建如图 3-42 所示的"花瓣形"曲面。

操作步骤如下：

步骤 1：打开 MasterCAM 软件，选定构图面为俯视图：T，视角为俯视角：T，构图深度为 Z0，单击主功能表中"绘图"→"多边形"命令，弹出对话框，在该对话框中"边数"栏输入"5"，"半径"栏输入"50"，选中"外接圆"，绘制如图 3-43 所示的半径为 50mm，中心放置在原点的五边形。

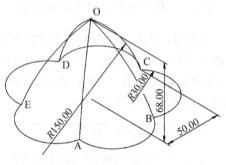

图 3-42 "花瓣形"线框

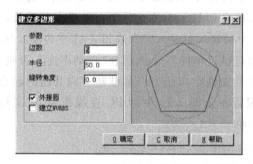

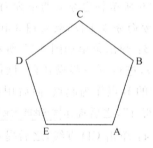

图 3-43 绘制"5 边形"提示框及图形

步骤 2：在当前构图面单击主功能表中"绘图"→"圆弧"→"两点画弧"命令，捕捉图 3-42 中 B 点和 C 点，且输入半径值"30"，选择优弧。

步骤 3：切换到等角视角 i 和空间构图面 3D，单击主功能表中"绘图"→"点"→"指定位置"→"任意点"命令，输入坐标"0，0，68"，确定最高点 O。

步骤 4：空间构图面 3D，单击主功能表中"绘图"→"圆弧"→"两点画弧"命令，捕捉图 3-42 中 O 点和 C 点，且输入半径"150"，选择优弧，保留半径为 150mm 和 30mm 的两个圆弧，其他线形全部删除，得到如图 3-44 所示图形。

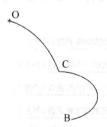

图 3-44 连接后圆弧图形

步骤 5：空间构图面 3D，单击主功能表中"转换"→"旋转"→"串连"命令,捕捉图 3-44 中 OC 圆弧后自动捕捉 CB 圆弧,单击"执行"命令后再单击"执行"命令,之后选定旋转之基准点单击"原点",弹出如图 3-45 所示对话框。单击"复制",在"次数"栏输入"4","旋转角度"栏输入"72"(或 360/5)",之后单击 OK 按钮,得到如图 3-46 所示图形(没有尺寸标注)。

图 3-45　"旋转"对话框

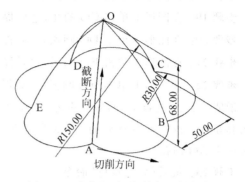

图 3-46　确定"5 边形"线框切削方向和截断方向的起点 A 点

注意："次数:4"是除去原图素本身需复制 4 次,才能生成花瓣形状的图形。

步骤 6：单击主功能表中"绘图"→"曲面"→"昆氏曲面"命令,弹出一个对话框。单击　否　按钮,提示区弹出菜单如图 3-47 所示,选取切削方向的缀面数目。用键盘输入"5"回车,提示区弹出菜单如图 3-48 所示,选取截断方向的缀面数目,用键盘输入"1"回车。

| 切削方向的缀面数目 = 5 |

| 截断方向的缀面数目 = 1 |

图 3-47　"切削方向的缀面数目"输入框 　　　图 3-48　"截断方向的缀面数目"输入框

步骤 7：弹出菜单如图 3-35 所示,选取"单体"(不能选择"自动串连",否则无法生成昆氏曲面)。在进行下一步操作前,操作者应先确定切削方向和截断方向共同的起点,这里以图 3-46 中的 A 点作为起点,而后用鼠标单击图 3-46 中的 AB 圆弧作为"定义切削方向：段落 1 外形 1"；之后提示 昆氏曲面:定义 切削方向:段落2 外形1 。

步骤 8：再在图形上单击 BC 圆弧,之后提示 昆氏曲面:定义 切削方向:段落3 外形1 。

步骤 9：再在图形上单击 CD 圆弧,之后提示 昆氏曲面:定义 切削方向:段落4 外形1 。

步骤 10：再在图形上单击 DE 圆弧,之后提示 昆氏曲面:定义 切削方向:段落5 外形1 。

步骤 11：再在图形上单击 EA 圆弧,之后提示 昆氏曲面:定义 切削方向:段落1 外形2 。

步骤 12：此时单击菜单中"更换模式",选择菜单中"单点",在图形上再单击"O"点,之后提示 昆氏曲面:定义 切削方向:段落2 外形2 。

步骤 13：单击菜单中"单点",在图形上单击 O 点,之后提示 昆氏曲面:定义切削方向:段落3 外形2 。

步骤 14：单击菜单中"单点",在图形上单击 O 点,之后提示 昆氏曲面:定义切削方向:段落4 外形2 。

步骤 15：单击菜单中"单点",在图形上单击 O 点,之后提示 昆氏曲面:定义切削方向:段落5 外形2 。

步骤 16：单击菜单中"单点",在图形上单击 O 点,之后提示 昆氏曲面:定义截断方向:段落1 外形1 。

注意：截断方向段落1外形1的起点必须与切削方向的起点一致,否则曲面就无法创建成功。

步骤 17：单击菜单中"单体",在图形上单击 AO 圆弧,之后提示 昆氏曲面:定义截断方向 段落1外形2 。

步骤 18：在图形上单击 BO 圆弧,之后提示 昆氏曲面:定义 截断方向 段落 1 外形 3 。

步骤 19：在图形上单击 CO 圆弧,之后提示 昆氏曲面:定义 截断方向 段落 1 外形 4 。

步骤 20：在图形上单击 DO 圆弧,之后提示 昆氏曲面:定义 截断方向 段落 1 外形 5 。

步骤 21：在图形上单击 EO 圆弧,之后提示 昆氏曲面:定义 截断方向 段落 1 外形 6 。

步骤 22：在图形上单击 AO 圆弧,之后提示 昆氏曲面:连接完毕 。

说明：这个"花瓣形"的第 6 个外形,可以想象为将图 3-46 中由 AO 剪开后的两条线形又黏合为一条线形所得到的,所以第 6 个外形要再单击一次 AO 圆弧。

步骤 23：最后单击"执行"命令。

步骤 24：根据提示(不变更默认生成昆氏曲面的方式,包括误差值、曲面形式 N 和熔接方式 L)直接单击"执行"命令,呈现栅格来表达曲面,这时的图形未着色,按 Esc 键后,按照"练习指导 3.3.3 步骤 14"中介绍的方法给曲面着色,着色后的曲面如图 3-49 所示。

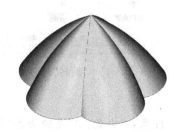

图 3-49 着色后的"花瓣形"曲面

3.3.3 旋转曲面

旋转曲面可能是几种曲面中比较容易绘制的一种曲面。只要绘制出旋转母线,而后指定旋转轴线(可为已知的直线也可为两点确定的不可见的"直线"),通过确定旋转曲面起始的旋转角度和终止的旋转角度,就能自动生成曲面。

练习指导 3.3.7：创建一个半径为 50,高为 25 的圆柱面。

操作步骤如下。

步骤 1：打开 MasterCAM 软件,选定构图面为"前视图：F",视角为"前视角：F",构图深度为 Z0,单击主功能表中"绘图"→"矩形"命令,绘制一个长为 50mm、宽为 25mm 的矩形,选定左侧边的中心放置在原点,该矩形 ABCD 为旋转曲面的母线。

步骤 2：在当前构图面绘制任意一条直线,放置在 Y 轴上,该直线 EF 为旋转轴,此时图形如图 3-50 所示。

步骤 3：切换到等角视角,单击主功能表中"绘图"→"曲面"→"旋转曲面"→"串连"命令,选取矩形 ABCD 中的任意一条边自动串连后,单击"执行"命令。

步骤 4：提示区提示"请选择旋转轴",单击直线"EF",弹出菜单如图 3-51 所示。

步骤 5：按图 3-51 菜单中默认状态提示起始角度为 0°,终止角度为 360°,曲面形式为 N 形,生成如图 3-52 所示旋转曲面——"圆柱"。

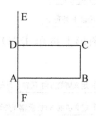

图 3-50 绘制旋转曲面的母线及旋转轴

图 3-51 旋转曲面选择菜单

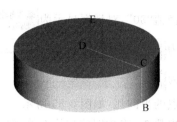
图 3-52 旋转曲面——"圆柱"

3.3.4 扫描曲面

扫描曲面是让截面形状沿着轨迹线扫描过去而形成的曲面。扫描曲面的关键部分就是截面和扫描轨迹的确定。

截面形状和扫描轨迹线的形状可以是任意的,但截面形状和轨迹线的数量可以不同,大体分为以下两种情况：

(1) 截面形状为多条(首尾相接的多段图形可以视为一条轨迹),而轨迹线为一条,如图 3-53 所示。

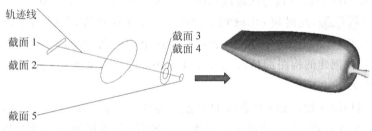
图 3-53 多个截面形状和一条轨迹线生成的扫描曲面

(2) 截面形状为一条,而轨迹线为两条(但不能超过两条,否则无法生成),如图 3-54 所示。

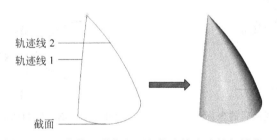
图 3-54 一个截面形状和两条轨迹线生成的扫描曲面

注意：截面形状和轨迹线不能同时为多条,其中必有一个数目为 1。

练习指导 3.3.8：创建"变形弯管"。

操作步骤如下。

步骤 1：打开 MasterCAM 软件,选定构图面为"前视图：F",视角为"前视角：F",构图深度为 Z0,单击主功能表中"绘图"→"圆弧"→"极坐标"→"圆心点"→"原点"命令,输入半径值"30",对话框显示为 输入半径 30.(或X, Y, Z, R, D, L,S,=,?) ;输入起始角度数值"0"对话框为 请输入起始角度 0.(或X, Y, Z, R, D, L,S,=,?) ,输入完成后回车;输入终止角度数值"180"对话框为 请输入终止角度 180.(或X, Y, Z, R, D, L,S,=,?) ,输入完成后回车,绘制一个半径为30mm中心在原点的半圆弧,如图3-55所示。

步骤2:将构图面切换至俯视图的构图面T,绘制如图3-56所示的轨迹线ADCB。

图3-55　半径为30mm的半圆　　　　图3-56　轨迹线

步骤3:将构图面切换到与轨迹线的端点B垂直的方位。方法为:单击辅助功能表中 构图面:T → Q法线面 ,此时提示 请选择正交参考线 。单击CB直线,此时图中会出现坐标如图3-57中B点所示。单击"储存"命令(表示保存这个构图面(编号从9开始,前面8个编号已确定,以后在创建的构图面依次为10、11、12…)),这时辅助功能表中会出现构图平面的标志已经改为 构图面:9 。

步骤4:将构图深度设到CB直线的B点。方法为:单击菜单处 Z: 0.000 项,再用鼠标捕捉CB直线的B点,则改动成功。将视角切换到"等角视角:i",此时图形如图3-58所示。

图5-57　选定法线面后的坐标　　　　图3-58　创建好的截面形状和轨迹线

步骤5:在当前构图面9的工作区内绘制一个矩形。单击主功能表中"绘图"→"矩形"→"一点"命令,并输入尺寸"X:100;Y:30",将中心放置在"B点",得到如图3-59所示图形。

步骤6:在将矩形截掉一半,只保留上半部分。单击主功能表中"修整"→"打断"→"打成两段",此时选取矩形的一条侧边并选取"中点",选取矩形的另一条侧边并选取"中点",返回主功能表(或按Esc键)。单击主功能表中"删除"命令,分别单击矩形两条侧边的"下半部分",再单击矩形底边,完成后得到图形如图3-60所示。

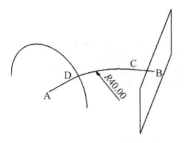
图 3-59　在 B 点创建矩形

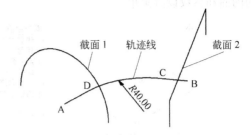
图 3-60　得到截面 2

步骤 7：单击主功能表中"绘图"→"曲面"→"扫描曲面"命令,此时选取截断方向外形"截面 1",再选取截断方向外形"截面 2"(注意截面 2 的起点要与截面 1 同边、同向、同起点)。选择完毕后单击"执行"命令,选取切削方向外形"轨迹线 ADCB"。选择完毕后单击"执行"命令,得到如图 3-61 所示扫描曲面。

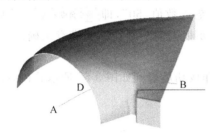

本例中的不足之处在于这个地方有褶皱,主要是转角弯度小、截面尺寸过大造成的,如果改变截面形状或加大轨迹线圆角半径或加大轨迹线上两条直线间交角等,都可以消除这种情况

图 3-61　生成着色后的扫描曲面

如果想画一个弹簧的表面,可以用扫描曲面这个思路。将一条螺旋线作为轨迹线,在螺旋线的一个端点与该点螺旋线垂直,画个圆作为截面,让该截面沿着螺旋线的轨迹扫描后得到"弹簧",但如果螺旋线截面的直径不适合簧丝的直径,可能会导致"弹簧"局部地方被"挤瘪"。另外要注意螺旋弹簧是用弹簧钢丝绕制出来的,而不是用切削加工的方法制造的。

3.3.5　牵引曲面

牵引曲面是以一个截面为对象牵引生成的曲面。这里举例绘制一个牵引曲面。

练习指导 3.3.9：创建一个牵引曲面。

操作步骤如下。

步骤 1：打开 MasterCAM 软件,选定构图面为"俯视图:T",视角为"俯视角:T",构图深度为 Z0,单击主功能表中"绘图"→"矩形"→"选项"命令,在弹出的对话框中,选中"角落倒圆角",并输入圆角半径值为"6",单击"确定"按钮,再单击菜单中"一点"命令,并绘制一个长为 50mm、宽为 25mm 的矩形,选定矩形中心放置在原点,切换至"等角视角:i",如图 3-62 所示。

步骤 2：切换到等角视角,单击主功能表中"绘图"→"曲面"→"牵引曲面"→"串连"命令,同时选取矩形。如果没有其他串连图素要选,可以单击"执行"命令,出现如图 3-63 所

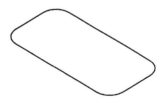
图 3-62　创建带圆角的矩形

示的图面和参数设置菜单。

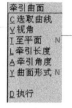

(a) 箭头指示牵引方向 　　　　　　　　(b) 牵引曲面参数的菜单

图 3-63　创建牵引曲面的图面和参数设置菜单

步骤 3：图 3-63(a)中所示箭头是指牵引方向，虚线部分是牵引长度。按图 3-63(b)所示可以对系统给定的参数重设，如单击"牵引长度"，出现输入框并输入数值"50"，即 牵引长度=50.，然后回车。其中"牵引长度"的数值可以为负值，表示方向与箭头所指的方向相反；如单击"牵引角度"弹出输入框并输入数值"50"，即 牵引角度=5 ，然后回车，其中"牵引角度"的数值可以为正也可以为负，要根据箭头指向是否满意来确定。修改参数后出现如图 3-64 所示的图面。

步骤 4：单击菜单中"执行"命令，操作成功后得到如图 3-65 所示着色后的牵引曲面。

图 3-64　输入参数后的图面　　　　　　图 3-65　操作成功后得到的牵引曲面

注意：练习指导 3.3.9 中矩形如果进行不倒圆角操作，可能得到牵引曲面的形式如图 3-66 所示，从得到的不理想曲面说明在角部出现了问题，这里参数的设置是受到限制的。

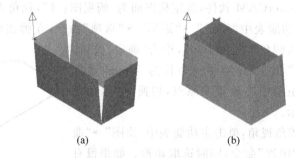

图 3-66　参数设置不当得到的牵引曲面

3.4 曲面编辑

打开主功能表的"绘图"→"曲面"命令中,除了前面讲到的几种曲面的创建,还有曲面倒圆角、曲面偏置、曲面修整、两曲面熔接、三曲面熔接、三圆角曲面、实体曲面、由实体转曲命令,这些命令都属于曲面编辑的命令。

3.4.1 曲面倒圆角

"曲面倒圆角"的操作及功能如图3-67所示。

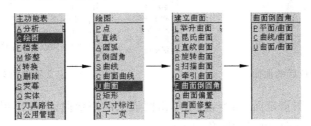

图3-67 "曲面倒圆角"的操作及功能

1. 曲面倒圆角——"平面/曲面"

练习指导3.4.1:利用曲面倒圆角命令完成图3-68。

(a) Zxy平面的Z坐标为25的箭头位置和方向　　(b) 圆柱口倒圆角

图3-68 曲线/平面倒圆角

操作步骤如下。

步骤1:打开MasterCAM软件,选定构图面为"俯视图:T",视角为"俯视角:T",构图深度为Z0,单击主功能表中"绘图"→"矩形"命令,绘制一个长为50mm、宽为40mm的矩形,选定矩形的中心放置在原点。

步骤2:单击主功能表中"绘图"→"圆弧"→"点半径圆"命令,绘制一个半径为10mm,中心放置在原点的圆。

步骤3:单击主功能表中"绘图"→"曲面"→"举升曲面"→"单体"命令,此时选取矩形的两个对边,单击"执行"命令生成曲面。

步骤4:单击主功能表中"绘图"→"曲面"→"牵引曲面"→"串连"命令,此时选取圆的边界,并输入"牵引长度"数值为"25",输入"牵引角度"数值为"0",单击"执行"命令生成圆柱曲面,切换到"等角视角:i",如图3-69所示。

步骤5:单击主功能表中"绘图"→"曲面"→"曲面倒圆角"→"平面/曲面"命令,此时选取工作区内圆柱曲面,单击"执行"命令。

步骤6:点在屏幕下方出现输入框,此时输入圆角半径5后得到 输入半径 5 回车。单击主功能表中"绘图"→"曲面"→"曲面倒圆角"→"平面/曲面"命令,此时选取工作区内圆柱曲面,再单击"执行"命令,此时菜单提示倒圆角要求选择平面如图3-70所示。

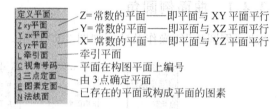

图 3-69　着色后的曲面　　　　　图 3-70　定义平面的菜单

步骤7:单击"图素定面"命令,这里单击图面上的矩形曲面,并出现如图3-71所示箭头表示需判断法线方向,决定倒圆角的方向。

步骤8:确定法线方向后,菜单提示确认如图3-72所示,如果确定图面显示的法线方向,单击"确定"按钮,否则单击"切换方向"命令。

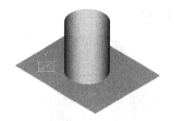

图 3-71　判断法线方向是否正确　　　图 3-72　确认菜单

步骤9:按当前菜单默认状态单击"确定"按钮,然后回车,弹出菜单如图3-73所示,单击"执行"命令后生成如图3-74所示倒圆角后的两曲面。

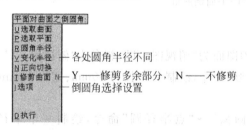

图 3-73　倒圆角选项设置菜单　　　图 3-74　倒圆角后的两个曲面

步骤10:将圆柱开口端进行倒圆角处理,操作如下:单击主功能表中"绘图"→"曲面"→"曲面倒圆角"→"平面/曲面"命令,此时选取工作区内圆柱曲面,再单击"执行"命令。

步骤 11：点在屏幕下方出现的输入框,输入圆角半径 5 后得到 `输入半径 5` 回车,并单击 `Zxy平面`,此时输入虚拟平面 Z 坐标的值"25",即 `请输入平面之Z坐标 25↵` 回车,此时出现如图 3-68(a)所示箭头方向标志(图中箭头方向错误,因为此箭头方向无法生成圆角),单击"切换方向"命令后箭头方向向下。单击"修剪曲面 Y"命令,再单击"执行"命令。倒圆角后的图形如图 3-68(b)所示。

2. 曲面倒圆角——"曲线/曲面"

练习指导 3.4.2：利用曲面倒圆角命令完成如图 3-75 所示模型。

操作步骤如下。

步骤 1：打开 MasterCAM 软件,选定构图面为"前视图:F",视角为"前视角:F",构图深度为 Z-50。单击主功能表中"绘图"→"圆弧"→"极坐标圆弧"→"圆心点"命令,绘制一个半径为 20mm,选定中心放置在原点,起始角度为 0°、终止角度为 180°的半圆弧。

步骤 2：在构图深度为 Z50,单击主功能表中"绘图"→"圆弧"→"极坐标圆弧"→"圆心点"命令,绘制一个半径为 20mm 的圆弧,选定中心放置在原点,起始角度为 0°、终止角度为 180°的半圆弧。其中心放置在原点,如图 3-76 所示。

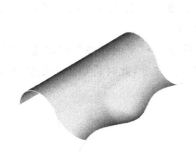

图 3-75　定义平面的菜单

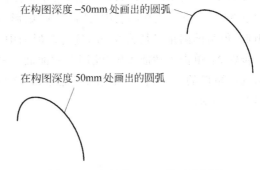

图 3-76　半径为 20mm 的两个圆弧

步骤 3：单击主功能表中"绘图"→"曲面"→"举升曲面"→"单体"命令,此时选取两个圆弧生成曲面,如图 3-77 所示。

步骤 4：切换构图面为"俯视图构图面:T",构图深度 Z0,单击主功能表中"绘图"→"曲线"→"手动输入"命令,此时绘制任意一条样条曲线如图 3-78 所示。

图 3-77　着色后的曲面

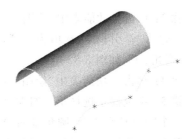

图 3-78　绘制样条曲线后的曲面

步骤 5：切换构图面为"空间构图面:3D",单击主功能表中"绘图"→"曲面"→"曲面倒圆角"→"曲线/曲面"命令,此时选取半圆柱曲面,单击"执行"命令。

步骤 6：输入圆角半径值"20"回车，单击选取样条曲线，然后单击"执行"命令，此时菜单提示倒圆角要求选择方向如图 3-79 所示，经判断后单击"左侧"命令，然后单击"修剪曲面 Y"命令，再单击"执行"命令后得到如图 3-75 所示倒圆角后的曲面。

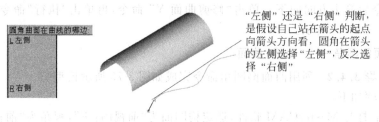

图 3-79 选择圆角所在的方向

3. 曲面倒圆角——"曲面/曲面"

练习指导 3.4.3：利用"曲面/曲面倒圆角"完成如图 3-80 所示模型。
操作步骤如下。

步骤 1：打开 MasterCAM 软件，选定构图面为"俯视图：T"，视角为"俯视角：T"，构图深度为 Z0。单击主功能表中"绘图"→"矩形"命令，绘制一个长为 100mm、宽为 60mm 的矩形，角落倒圆角半径为 5mm，选定矩形的中心放置在原点。

步骤 2：单击主功能表中"绘图"→"曲面"→"曲面修整"→"平面修整"→"串连"命令，单击选取矩形的边，然后单击"执行"命令；再次单击"执行"命令，此时将矩形平整成曲面，如图 3-81 所示。

图 3-80 倒圆角后的两组曲面

图 3-81 矩形底面

步骤 3：单击主功能表中"绘图"→"曲面"→"牵引曲面"→"串连"命令，单击选取矩形的边界。输入"牵引长度"数值为"35"，输入"牵引角度"数值为"20"，生成矩形侧面，切换到"等角视角：i"，如图 3-82 所示。

步骤 4：单击主功能表中"绘图"→"曲面"→"曲面倒圆角"→"曲面/曲面"命令。

步骤 5：系统提示选择第一组曲面——依次选择矩形侧面的所有曲面（共 8 个面，依次单击 4 个"平面"和 4 个"圆角锥面"），选完后单击菜单中的"执行"命令。

步骤 6：系统提示选择第二组曲面——选择矩形底面。选完后单击菜单中的"执行"命令，提示输入半径 输入半径 5 后回车，此时系统提示倒圆角菜单，单击"选项"，弹出选项设置如图 3-83 所示。

第3章 曲面的创建与编辑　69

图 3-82　着色后的曲面

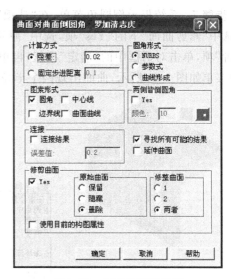

图 3-83　倒圆角选项设置

步骤 7：单击"选项"命令，选中"两侧皆倒圆角"下的"Yes"；选中"修剪曲面"下的"Yes"，选中"原始曲面"下的"删除"单选按钮，选中"修整曲面"下的"两者"单选按钮，然后单击对话框上的"确定"按钮，再单击菜单上的"执行"命令，倒角后的曲面如图 3-80 所示。

4. 曲面倒圆角——变化半径

练习指导 3.4.4：利用"曲面/曲面倒圆角"完成如图 3-84 所示模型。

操作步骤如下。

步骤 1：打开 MasterCAM 软件，选定构图面为"俯视图：T"，视角为"俯视角：T"，构图深度为 Z0，单击主功能表中"绘图"→"矩形"命令，绘制一个长为 60mm、宽为 100mm 的矩形，选定矩形的中心放置在原点。

步骤 2：单击主功能表中"绘图"→"曲面"→"曲面修整"→"平面修整"→"串连"命令，此时选取矩形的边，单击菜单中的"执行"命令后再次单击"执行"命令，平整成曲面。

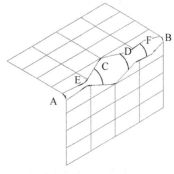

图 3-84　倒圆角后的曲面

步骤 3：单击主功能表中"绘图"→"曲面"→"牵引曲面"→"单体"命令，此时选取矩形的右侧边，并输入"牵引长度"的数值为"－60"，然后输入"牵引角度"的数值为"0"，生成矩形的右侧面，切换到"等角视角：i"，创建后的两个曲面如图 3-85 所示。

步骤 4：单击主功能表中"绘图"→"曲面"→"曲面倒圆角"→"曲面/曲面"命令。

步骤 5：系统提示选择第一组曲面——选择水平放置的矩形。

步骤 6：系统提示选择第二组曲面——选择矩形右侧面，选完后单击菜单中的"执行"命令，系统提示 输入半径 5 ，输入半径的数值"5"回车。

步骤 7：系统提示倒圆角菜单，在"选项"对话框中，选中"两侧皆倒圆角"下的"Yes"项；选中"修剪曲面"下的"Yes"项，选中"原始曲面"下的"删除"项，选中"修整曲面"下的"两者"项，单击对话框中的"确定"按钮，再单击菜单中的"执行"命令。单击"变化半径"，弹出菜单如图 3-86 所示，曲面出现两个半径标记点 A 点和 B 点，如图 3-87 所示。

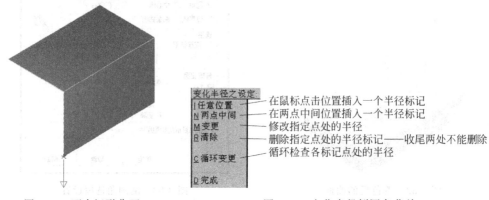

图 3-85 两个矩形曲面　　　　　图 3-86 变化半径倒圆角菜单

步骤 8：单击"两点中间"命令，再单击工作区中 A 点和 B 点，在 AB 连线中间出现 C 点标记。在提示框 输入半径 15 中输入半径值"5"，单击"执行"命令。

步骤 9：单击"任意位置"命令，此时系统提示 选择中心线 ，单击 AB 连线，在连线出现可以自由沿着直线移动的箭头时，用鼠标依次在直线上任意位置标记"D、E、F"点，对应 D 点输入半径"2"、E 点输入半径"6"、F 点输入半径"8"，如图 3-88 所示。

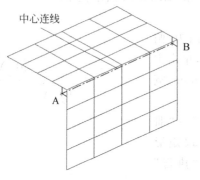 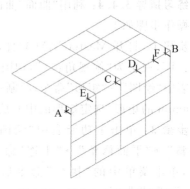

图 3-87 出现半径标记点 A 和 B　　　　　图 3-88 插入 3 个半径标记点

步骤 10：单击"变更"命令，此时系统提示单击半径标记点，单击 A 点，输入半径"4"后回车。

步骤 11：单击"循环变更"命令，此时系统提示标记点 B 点，系统提示半径输入值为"5"，不修改半径值则直接回车，此时系统依次提示半径标记点"F、D、C、E、A"，这些标记点半径数值可以依次修改，修改完成后回车，单击"完成"按钮，最后单击"执行"命令，得到如图 3-84 所示倒圆角后的曲面。

3.4.2 曲面偏置

曲面偏置是指将选定的曲面沿着法线的方向(方向可以变换选取)移动指定的距离,如果需要原来的曲面则可以保留。下面举一个简单的例子。

练习指导3.4.5:利用曲面偏置命令完成如图3-89所示模型。

操作步骤如下。

步骤1:打开 MasterCAM 软件,选定构图面为"俯视图:T",视角为"俯视角:T",构图深度为Z0,单击主功能表中"绘图"→"矩形"命令,绘制一个长为100mm、宽为60mm的矩形,选定矩形的中心放置在原点。

步骤2:单击主功能表中"绘图"→"曲面"→"曲面修整"→"平面修整"→"串连"命令,此时选取矩形的边,单击菜单中的"执行"命令,再单击"执行"命令,平整成曲面。

步骤3:单击主功能表中"绘图"→"曲面"→"曲面偏置"命令,此时提示选取曲面,选取矩形后单击"执行"命令,弹出菜单如图3-90所示。

图3-89 偏置结果

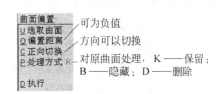

图3-90 曲面偏置选项设置

步骤4:单击"偏置距离"并输入数值"10",单击"执行"命令,结果如图3-89所示。

注意:这里可以通过输入偏置距离的正负值来改变偏置后的曲面在原曲面的哪一个方向,也可以通过单击"正向切换"命令选定已知曲面的法线箭头方向来确定偏置后曲面所在的位置。

3.4.3 曲面修整

"曲面修整"的位置及功能如图3-91所示。

图3-91 "曲面偏置"的位置及功能

1. 修整至曲线

练习指导3.4.6:练习修整至曲线,在矩形上打出一个孔洞。

操作步骤如下。

步骤 1：打开 MasterCAM 软件，选定构图面为"前视图：F"，视角为"前视角：F"，构图深度为 Z-50，单击主功能表中"绘图"→"圆弧"命令，此时单击"点半径圆"命令绘制一个半径为 20mm 的圆，中心放置在原点。

步骤 2：在构图深度为 Z0，单击主功能表中"绘图"→"矩形"命令，此时单击"一点"命令，绘制一个长为 100mm、宽为 60mm，中心放置在原点的矩形。

步骤 3：单击主功能表中"绘图"→"曲面"→"曲面修整"→"平面修整"→"串连"命令，此时选取矩形的边后单击"执行"命令，再次单击"执行"命令，平整成面，视角切换至"等角视角：i"，着色后如图 3-92 所示。

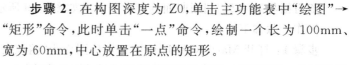

图 3-92 创建矩形面和圆

步骤 4：单击主功能表中"绘图"→"曲面"→"曲面修整"→"修整至曲线"命令，此时提示选取曲面，单击矩形曲面后单击"执行"命令，然后单击"选取曲线"命令，再单击"串连"命令，选取圆后单击"执行"命令，弹出修整曲面的选项，如图 3-93 所示。

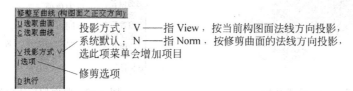

图 3-93 修剪曲面选项

步骤 5：单击"执行"命令后系统提示"请指出曲面修整要保留的地方"。此时将构图面切换到前视图，保留圆外的曲面就用鼠标单击"圆"外的任意一点（如果保留圆内的曲面就用鼠标单击"圆"内的任意一点即可），再用鼠标单击刚刚点过的位置，并切换视角为等角视角，得到如图 3-94 所示修剪后的曲面。

2. 修整至平面

曲面被一个平面（虚拟的或实际存在的）截为两段并保留其中一段的操作。

练习指导 3.4.7：在圆柱面上进行修剪至平面操作。
操作步骤如下。

步骤 1：打开 MasterCAM 软件，选定构图面为"俯视图：T"，视角为"俯视角：T"，构图深度为 Z0。单击主功能表中"绘图"→"圆弧"→"点半径圆"命令，绘制一个半径为 20mm 的圆，中心放置在原点。

图 3-94 修剪后的曲面

步骤 2：单击主功能表中"绘图"→"曲面"→"牵引曲面"命令，输入"牵引长度"数值"80"；输入"牵引角度"数值"0"，单击"执行"命令，再次单击"执行"命令，平整成曲面，视角切换至等角视角并着色。

步骤 3：单击主功能表中"绘图"→"曲面"→"曲面修整"→"修整至平面"命令，此时提示"选取曲面"，单击圆柱曲面，然后单击"执行"命令，再单击"选取平面"命令，弹出修整曲面的选项，如图 3-95 所示。

步骤 4：注意先把构图面改为 T（否则后面定义的平面法线方向不正确就不能进行修剪曲面），选择系统提示"选择平面"后，单击"Zxy 平面"，输入该平面 Z 坐标数值为"20"  后回车，得到如图 3-96 所示修剪曲面方向判断。

步骤 5：保留虚拟平面之上的圆柱曲面，单击"确定"按钮（如果保留虚拟平面之下的圆柱曲面则单击"切换方向"），单击"执行"命令，对曲面着色并切换至等角视角，得到如图 3-97 所示修剪后的圆柱曲面。

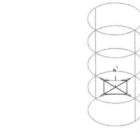   

图 3-95　修整至平面选项　　图 3-96　修剪曲面方向判断　　图 3-97　修剪后的圆柱曲面

3. 修剪至曲面

练习指导 3.4.8：练习修剪至曲面命令。

操作步骤如下。

步骤 1：打开 MasterCAM 软件，选定构图面为"俯视图：T"，视角为"俯视角：T"，构图深度为 Z0，图层为第 1 层，单击主功能表中"绘图"→"圆弧"→"点直径圆"命令，绘制一个直径为 95mm 的圆，中心放置在原点。

步骤 2：切换构图面为"前视图：F"，视角为"前视角：F"，单击主功能表中的"绘图"→"圆弧"→"两点画弧"命令，输入圆弧半径值"50"，并选取图面上圆弧角度小于 180°的圆弧，单击"执行"命令。

步骤 3：单击主功能表中"绘图"→"直线"→"水平线"命令，输入 Y 坐标"30"并回车，单击"上层功能表"→"垂直线"命令，此时输入 X 坐标"0"并回车，得到我们所要的两条直线。

步骤 4：单击主功能表中"修整"→"修剪延伸"→"两个物体"修剪命令，此时选取"水平线和圆弧"，修剪完成后再选取"水平线和垂直线"，切换至等角视图得到如图 3-98 所示修剪好的线框。

步骤 5：切换构图面为"前视图：F"，视角为"前视角：F"，单击主功能表中"绘图"→"圆弧"→"切弧"→"切一物体"命令，此时选取半径为 50 的圆弧，并选取切点——半径

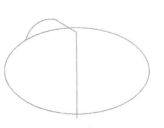

图 3-98　线框图

为 50 的圆弧与直径为 95 的圆的交点,然后在提示区  输入半径值"15"回车,此时得到左侧的圆弧如图 3-99 所示。

步骤 6：单击主功能表中"绘图"→"直线"→"水平线"命令,此时输入 Y 坐标"0"后单击"执行"命令。

步骤 7：单击主功能表中"修整"→"修剪延伸"→"两个物体"修剪命令,此时选取"半径为 15 的圆弧和水平线",单击菜单中"删除"命令,选取水平线,将构图面切换至等角视图得到如图 3-99 所示线框。

步骤 8：单击主功能表中"绘图"→"曲面"→"旋转曲面"→"单体"命令,然后依次选取水平线和半径为 50 的圆弧,再选取旋转轴,单击图中的"垂直线",再单击"执行"命令,这里不对曲面着色,得到如图 3-100 所示的曲面。

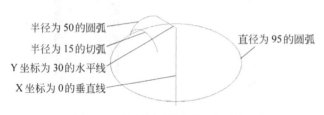

图 3-99　绘制圆弧并修剪后的线框　　　图 3-100　未着色的旋转曲面

步骤 9：单击主功能表中"绘图"→"曲面"→"牵引曲面"→"单体"命令,选取"半径为 15 的切弧"(此时生成牵引面的构图面必须切换到前视图),输入"牵引长度"的数值为"80";输入"牵引角度"的数值为"0",再单击"执行"命令,不对曲面着色得到如图 3-101 所示相交的两个曲面(注意:曲面对曲面修剪时,两组曲面必须完全相交)。

步骤 10：单击主功能表中"绘图"→"曲面"→"曲面修整"→"修整至曲面"命令,提示"选取第一组曲面",单击半径为 50 的圆弧旋转曲面。单击"执行"命令后,再提示"选取第二组曲面",单击半径为 15 的切弧牵引曲面,然后单击"执行"命令。再次单击"执行"命令,此时系统提示"请指出曲面要保留的地方",这时用鼠标单击旋转曲面被牵引曲面截取的外侧,系统又提示"请移动箭头至修整曲面的位置"。再用鼠标单击旋转曲面被牵引曲面截取的外侧,系统还会提示"请指出曲面要保留的地方"。这里用鼠标单击牵引曲面被旋转曲面截断的外侧,系统又提示"请移动箭头至修整曲面的位置"。再用鼠标单击牵引曲面被旋转曲面截断的外侧,得到如图 3-102 所示修剪后未着色的两曲面。

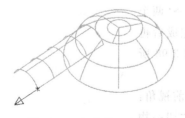 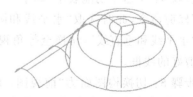

图 3-101　相交的两个曲面　　　图 3-102　修剪后未着色的曲面

4. 平面修整

平面修整在前面两个实例里已经用过，它的功能是：只要有封闭在同一个平面上的边界（串连图素即可），就可以用该命令将串连图素平整成一个平面。

练习指导 3.4.9：练习操作平面修整命令。

操作步骤如下。

步骤 1：打开 MasterCAM 软件，选定构图面为"前视图：F"，视角为"前视角：F"，构图深度为 Z0，单击主功能表中"绘图"→"圆弧"→"点半径圆"命令，绘制一个直径为 20mm 的圆，中心放置在原点。

步骤 2：单击主功能表中"绘图"→"矩形"→"一点"命令，绘制一个长为 100mm、宽为 60mm，中心放置在原点的矩形。

步骤 3：单击主功能表中"绘图"→"圆弧"→"点半径圆"命令，绘制一个半径为 15mm 的圆，中心放在坐标为 X30Y10 的位置，绘制后的图形线框如图 3-103 所示。

步骤 4：单击主功能表中"绘图"→"曲面"→"曲面修整"→"平面修整"→"串连"命令，此时先选取串连图素 1——矩形，再选取串连图素 2——半径为 15 的圆，选取串连图素 3——直径为 20 的圆，然后单击"执行"命令，着色后如图 3-104 所示曲面。

图 3-103　矩形和圆的线框

图 3-104　平面修整后的矩形面和圆

5. 曲面分割

曲面分割就是指在指定的位置将曲面分割为两个部分。

练习指导 3.4.10：练习操作曲面分割命令。

操作步骤如下。

步骤 1：打开 MasterCAM 软件，选定构图面为"前视图：F"，视角为"前视角：F"，构图深度为 Z0，单击主功能表中"绘图"→"矩形"→"一点"命令，绘制一个长为 100mm、宽为 60mm，中心放置在原点的矩形。

步骤 2：单击主功能表中"绘图"→"曲面"→"曲面修整"→"平面修整"→"串连"命令，此时选取串连图素 1"矩形"，再单击"执行"命令。

步骤 3：单击主功能表中"绘图"→"曲面"→"曲面修整"→"曲面分割"命令，此时选取曲面"矩形"后系统提示"请将鼠标移至欲分割的位置"，单击"矩形曲面"上任意一点后，出现如图 3-105 所示的箭头。

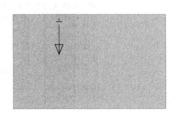
图 3-105　分割曲面的方向判断

步骤 4：单击"确定"按钮，这个箭头表明"矩形"曲面沿着这个箭头方向将曲面一分为二（如果单击"切换方向"命令，则箭头切换至当前方向的法线方向），将鼠标在矩形曲面上移动，就会发现已经被分割为两个曲面。

6. 回复修整

回复修整是指可以用这个命令恢复原有曲面。单击"回复修整"命令出现菜单且只有一项，如图 3-106 所示。

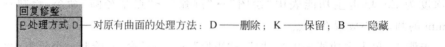

图 3-106　回复修整选项

一般按系统默认设置的原曲面处理方式 D。

7. 回复边界

单击"回复边界"命令后，单击已有曲面，再单击已知封闭边界，就可将原曲面回复为原状。

8. 曲面延伸

曲面延伸是指将已有的曲面沿某一方向延长。

练习指导 3.4.11：举例练习操作曲面延伸命令。

操作步骤如下。

步骤 1：打开 MasterCAM 软件，选定构图面为"前视图：F"，视角为"前视角：F"，构图深度为 Z0，单击主功能表中"绘图"→"矩形"→"一点"命令，绘制一个长为 100mm、宽为 60mm、中心放置在原点的矩形。

步骤 2：单击主功能表中"绘图"→"曲面"→"举升曲面"→"单体"命令，选取矩形两条对边，单击"执行"命令。

注意：这里不能使用"曲面修整"中的"平面修整"方法来创建矩形曲面，否则会因使用过一次"平面修整"的曲面修整功能而"曲面延伸"将无法实现再次的"曲面修整"功能。

步骤 3：单击主功能表中"绘图"→"曲面"→"曲面修整"→"曲面延伸"命令，弹出如图 3-107 所示的选项。

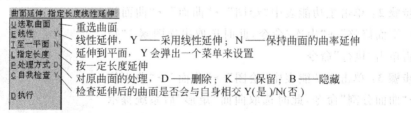

图 3-107　曲面延伸选项

步骤 4：单击菜单中的"指定长度"命令后弹出 延伸之长度＝10 ，输入长度值"10"后回车,此时系统提示"请选择欲延伸的曲面"。单击矩形曲面后系统又提示"请移动箭头至曲面欲延伸的边界",选取矩形的一条边,此时会出现"箭头",曲面将沿着箭头方向延伸长度10后单击"执行"命令,得到如图3-108所示延伸后的曲面。

图 3-108　曲面延伸后的矩形曲面

3.4.4　曲面熔接

曲面熔接包含三种情况：两曲面熔接、三曲面熔接和三圆角曲面。这里的熔接就是指将两个或三个曲面在指定的位置(不一定在边界)按一定的方位(水平或垂直方位)连接起来,无缝地融合在一起称为一个整体,命令功能如图3-109所示。

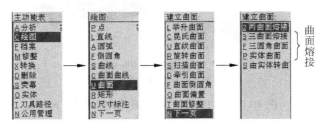

图 3-109　"曲面熔接"的位置及功能

练习指导 3.4.12：举例操作两曲面熔接。

操作步骤如下。

步骤 1：打开 MasterCAM 软件,选定构图面为"俯视图：T",视角为"俯视角：T",构图深度为 Z0,单击主功能表中"绘图"→"矩形"→"一点"命令,绘制一个长为100mm、宽为60mm、中心放置在原点的矩形。

步骤 2：单击主功能表中"绘图"→"曲面"→"举升曲面"→"单体"命令,选取矩形两条对边后单击"执行"命令。

步骤 3：单击主功能表中"转换"→"平移"命令,选取"所有的"选项后单击菜单中的"图素"命令,再单击"执行"命令,这时单击"矩形曲面"并输入"直角坐标",即输入坐标值"X130 Y60 Z20"回车,弹出"平移"对话框,这里单击设置"复制"、"次数为1",然后单击对话框中的"确定"按钮,再单击"执行"命令,得到如图3-110所示的选项。

图 3-110　平移复制后的两个曲面

步骤 4：单击主功能表中的"绘图"→"曲面"→"下一页"→"两曲面熔接"命令,此时提示"请选择要熔接的曲面",单击放置在原点的"矩形"并出现箭头,此时系统提示"移动箭头至开始熔接的位置"。单击矩形的右侧边,此时出现一个箭头,弹出如图3-111(a)所示的方向判断菜单和图3-111(b)所示的要熔接曲面熔接方向箭头。

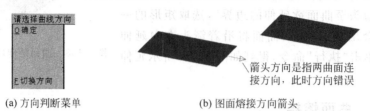

图3-111　原点放置矩形曲面要熔接曲面熔接方向判断

步骤5：单击"切换方向"命令,箭头显示如图3-112所示,单击"确定"命令。

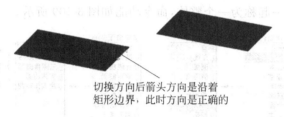

图3-112　"切换方向"后正确的曲面熔接方向

步骤6：系统提示"请选择要熔接的曲面",单击平移后的"矩形"并出现箭头,系统提示"移动箭头至开始熔接的位置",此时出现一个箭头,弹出如图3-113所示的要熔接曲面熔接方向箭头。

图3-113　平移后矩形曲面要熔接曲面熔接方向判断

步骤7：单击"切换方向"命令,箭头显示如图3-114所示后单击对话框中的"确定"按钮。

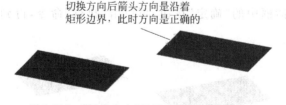

图3-114　"切换方向"后正确的曲面熔接方向

步骤8：预演熔接曲面的结果如图3-115所示及菜单显示两曲面熔接的选项如图3-116所示。

图 3-115　预演熔接曲面的结果

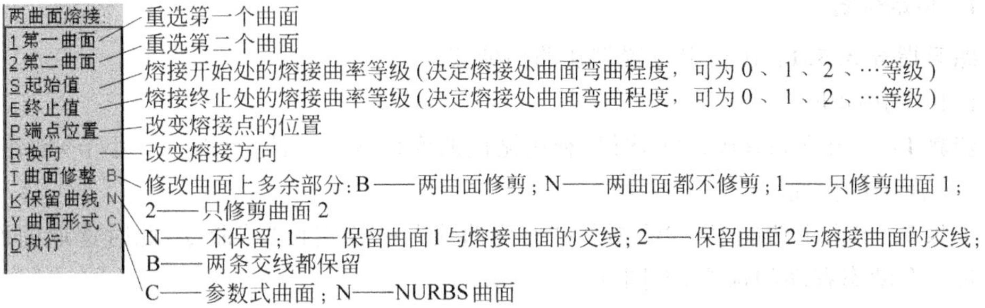

图 3-116　两曲面熔接选项

步骤 9：将菜单显示两曲面熔接的选项中"曲面形式"改为"N"形。如果预演的熔接曲面方向扭曲则单击"换向"命令，其他按系统默认设置后，单击对话框中的"执行"按钮，结果为三个曲面，可以移动鼠标来观察。熔接后的结果如图 3-117 所示。

图 3-117　熔接后产生的三个曲面

3.5　曲面曲线

曲面曲线的创建就是从已经有的曲面上提取出所需要的曲线，该曲线为三维曲线，故把曲面曲线又称为空间曲线。其菜单功能如图 3-118 所示。

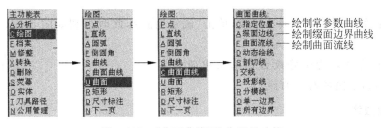

图 3-118　"曲面曲线"的位置及功能

已有曲面可采用"曲面曲线"的菜单功能中的多种方法来创建曲线。曲面曲线不仅在曲面上可以创建,在实体面上也可以创建。曲面曲线命令中有很多选择曲面的提示,菜单中都有实体面的选项,允许选择实体表面。

利用之前学习过的创建昆氏曲面自动串连曲面的方法创建如图 3-119 所示的昆氏曲面。

下面利用这个昆氏曲面来创建曲面曲线,并逐个介绍各类曲面曲线的绘制方法。

1. 指定位置

练习指导 3.5.1:在指定位置创建曲面曲线。

操作步骤如下。

步骤 1:打开 MasterCAM 软件,利用昆氏曲面创建的方法(见 3.3.2 小节)创建出如图 3-119 所示的曲面。

步骤 2:单击主功能表中"绘图"→"曲面曲线"→"指定位置"命令,此时选取曲面,这时出现一个动态移动的箭头,如图 3-120 所示。

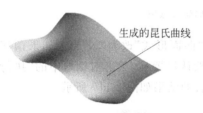

图 3-119 利用昆氏曲面方法创建一个练习曲面 　　图 3-120 选取曲面后出现动态箭头

步骤 3:系统提示"请移动鼠标至欲产生曲线的位置",此时单击曲面上任意一点,出现箭头,如图 3-121(a)所示,同时菜单提示选项如图 3-121(b)所示。

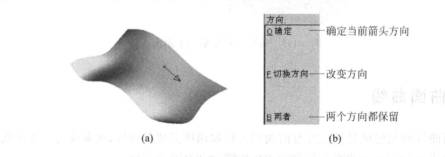

图 3-121 创建曲面曲线单击的位置及方向

步骤 4:系统提示的选项不修改,单击"确定"命令,此时得到如图 3-122 所示着色的曲面曲线。

注意:读者可以尝试修改方向选项中的其他设置,会得到不同的曲面曲线。

2. 缀面边线

前面介绍的昆氏曲面的创建操作可以将一个曲面认为是由许多小曲面(缀面)光滑地连接

图 3-122 指定位置绘制的曲面曲线

起来,并且每个缀面有 4 个边是封闭的,与周围缀面是共有的。缀面边线的命令就是可以实现自动将这些缀面边线画出来。

注意:只有参数式曲面才能画出缀面边界曲线,所以只有将这个昆氏曲面改为参数式才能创建。

练习指导 3.5.2:创建缀面边界曲线。

操作步骤如下。

步骤 1:打开 MasterCAM 软件,利用昆氏曲面创建的方法(见 3.3.2 小节)创建出如图 3-119 所示的曲面,该曲面必须为参数式。

步骤 2:单击主功能表中"绘图"→"曲面曲线"→"缀面边线"命令,此时提示曲面必须为参数式曲面,用鼠标选取曲面,着色后的曲面曲线结果如图 3-123 所示。

3. 曲面流线

曲面流线就像衣服上纵横交错的纤维线一样。

练习指导 3.5.3:创建曲面流线。

操作步骤如下。

步骤 1:打开 MasterCAM 软件,利用昆氏曲面创建的方法(见 3.3.2 小节)创建出如图 3-119 所示的曲面,该曲面必须为参数式。

步骤 2:单击主功能表中"绘图"→"曲面曲线"→"曲面流线"命令,系统提示选取曲面,选取曲面后提示曲面流线生成的方向,如图 3-124 所示。

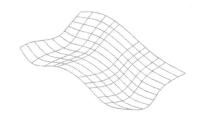

图 3-123　缀面边线曲线　　　　图 3-124　曲面流线生成的箭头方向

步骤 3:确定当前箭头的方向为曲面流线方向,单击"确定"按钮后提示曲面流线生成的选项菜单,如图 3-125 所示。

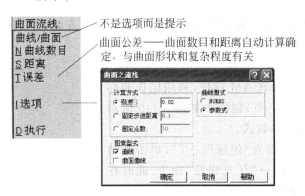

图 3-125　曲面流线选项菜单

步骤4：单击"曲面流线"中"曲面数目"并输入值"8"，然后单击菜单中"执行"命令，曲面流线如图3-126所示。

4. 动态绘线

动态绘线就是在已有的曲面上绘制出任意一条曲线来。

练习指导3.5.4：创建动态绘线。

操作步骤如下。

步骤1：打开MasterCAM软件，利用昆氏曲面创建的方法（见3.3.2小节）创建出如图3-119所示的曲面，该曲面必须为参数式。

步骤2：单击主功能表中"绘图"→"曲面曲线"→"动态绘线"命令，系统提示选取曲面。选取曲面后，这时提示动态绘点生成箭头方向，如图3-127所示。

(a) 未着色曲面流线

(b) 着色后曲面流线

图3-126 曲面流线

图3-127 动态绘线在曲面上单击点的箭头方向

步骤3：任意移动箭头鼠标单击各个点，取消着色如图3-128所示各个点位置。单击完成后按Esc键返回，自动生成如图3-129所示曲线。

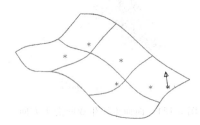

图3-128 各动态点位置

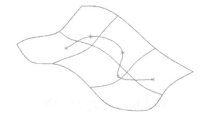

图3-129 动态曲线

5. 剖切线

剖切线就是曲面与平面的交线，该平面可以是实际存在的，也可以是虚拟定义的。

练习指导3.5.5：创建剖切线。

操作步骤如下。

步骤1：打开MasterCAM软件，利用昆氏曲面创建的方法（见3.3.2小节）创建出如图3-119所示的曲面，该曲面必须为参数式。

步骤2：切换构图面为"俯视图：T"，单击主功能表中"绘图"→"直线"→"任意线段"命令，此时在曲面上任意绘制一条斜线，如图3-130所示。

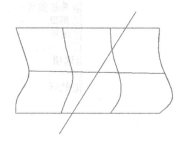

图3-130 "横穿"曲面绘制一条斜线

步骤3：单击主功能表中"绘图"→"曲面曲线"→"剖切线"命令，系统提示选取曲面，选取曲面后，单击菜单中"执行"命令，出现如图3-131所示菜单。

步骤4：单击"牵引面"命令，此时在直线上会出现一个方向标志，如图3-132所示。并弹出菜单选项，如图3-133所示。

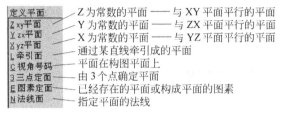

图3-131　定义平面选项菜单　　　　　　　图3-132　剖切面位置

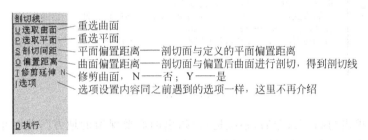

图3-133　剖切线选项设置菜单

步骤5：单击选项中"修剪延伸"命令，并单击菜单中"执行"命令，此时系统提示"请指出曲面要保留的地方"，用鼠标单击被切线"截断"后要保留的一边，出现可移动的箭头。此时系统又提示"请移动箭头至保留的位置"，再用鼠标单击刚刚单击过的位置，此时图面出现被保留的曲面，剖切线如图3-134所示。

6. 相交线

两组曲面的相交线，就是《机械制图》中所说的截交线。这里不再详述。

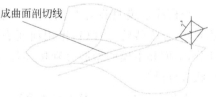

图3-134　生成剖切线

7. 投影线

一条曲线在某个曲面上的投影形成的曲线即为投影线。

练习指导3.5.6：创建投影线。

操作步骤如下。

步骤1：打开MasterCAM软件，利用昆氏曲面创建的方法（见3.3.2小节）创建出如图3-119所示的曲面，该曲面必须为参数式。

步骤2：切换构图面为"俯视图：T"，单击主功能表中"绘图"→"矩形"命令，矩形长为30mm、宽为20mm，单击菜单中"一点"命令，将原点放置在曲面上构图深度为Z20的任意一个位置如图3-135所示。

步骤3：单击主功能表中"绘图"→"曲面曲线"→"投影线"命令，系统提示选取曲面，选取曲面后单击菜单中"执行"命令,系统提示选取曲线,选取曲线后用鼠标单击矩形,然后单击"执行"命令,出现如图 3-136 所示的菜单。

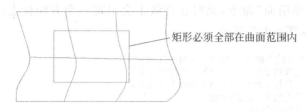

图 3-135　"矩形"绘制在曲面上

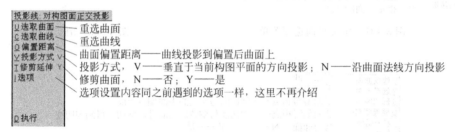

图 3-136　投影线选项设置菜单

步骤 4：单击"执行"命令后,系统提示"指出曲面要保留的地方",此时单击矩形外的曲面,系统又提示"请移动箭头至保留的位置",再用鼠标单击刚刚单击过的位置,此时图面出现被保留的曲面,投影线如图 3-137 所示。

图 3-137　得到投影线

8. 分模线

分模线是模具设计与制造中经常需解决分型的问题,分模线将零件(这里用曲面表示)分成两个部分,上模和下模的型腔分别按零件分模线两侧的形状进行设计。

注意：系统将以平行于构图面的平面去"剖切"曲面,而且会切在截面尺寸最大的地方。

练习指导 3.5.7：创建分模线。

操作步骤如下。

步骤 1：打开 MasterCAM 软件,切换构图面为"前视图：F",单击主功能表中"绘图"→"圆弧"→"点直径圆"命令,此时输入直径值"50",放置原点。

步骤 2：单击主功能表中"绘图"→"直线"→"垂直线"命令,此时在任意位置绘制一条直线,然后输入 Y 轴坐标"0"并回车。

步骤 3：单击主功能表中"绘图"→"曲面"→"旋转曲面"命令,系统提示选取欲旋转的截面,此时选取圆弧,然后单击菜单中"执行"命令,选取旋转轴"垂直线"命令,单击"执行"命令,曲面着色后如图 3-138 所示。

图 3-138　创建的球面

步骤4：单击主功能表中"绘图"→"曲面曲线"→"分模线"命令，选取曲面，单击图中球面，再单击"执行"命令，弹出分模线选项菜单，如图3-139所示。

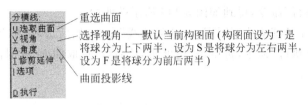

图 3-139　分模线选项菜单

步骤5：单击"执行"命令后系统提示"指出曲面要保留的地方"，单击球面，系统又提示"请移动箭头至保留的位置"，因当前构图面为T，所以再用鼠标单击上下分模的分模线位置，此时图面出现被保留的曲面，分模线如图3-140所示。

9．单一边界

曲面通常是有边界的，而且可能有多个边界。"单一边界"命令可以绘制一条边界线。

练习指导3.5.8：创建一条边界线。

操作步骤如下。

步骤1：打开MasterCAM软件，利用创建昆氏曲面的方法（见3.3.2小节）创建出如图3-119所示的曲面，该曲面必须为参数式。

步骤2：切换构图面为"俯视图：T"，单击主功能表中"删除"→"所有的"→"曲线"命令，单击菜单中的"执行"命令，得到如图3-141所示的曲面。

步骤3：单击主功能表中"绘图"→"曲面曲线"命令，此时选取"单一边界"。

步骤4：单击"执行"命令，然后单击"指出曲面"命令，选取曲面，系统提示"请移动箭头至边界的位置"，再用鼠标单击曲面任意边缘位置，此时图面出现一条边界线，如图3-142所示。

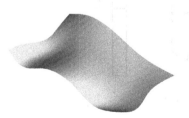

图 3-141　删除边界后的曲面

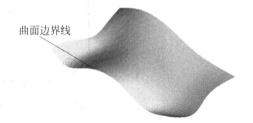

图 3-142　曲面的一条边界线

10．所有边界

练习指导3.5.9：创建所有边界线。

操作步骤如下。

步骤1：打开MasterCAM软件，利用创建昆氏曲面的方法（见3.3.2小节）创建出如

图 3-119 所示的曲面,该曲面必须为参数式。

步骤 2:切换构图面为"俯视图:T",单击主功能表中"删除"→"所有的"→"曲线"命令,单击菜单中"执行"命令,得到如图 3-143 所示的曲面。

步骤 3:单击主功能表中"绘图"→"曲面曲线"命令,然后选取"所有边界"命令。

步骤 4:单击"执行"命令,再单击"指出曲面"命令,选取曲面,此时图面出现四条边界线,如图 3-144 所示。

图 3-143 删除边界后的曲面

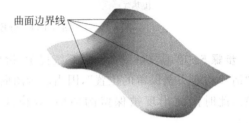
图 3-144 曲面的所有边界线

3.6 综合实例

综合实例 3.6.1:按尺寸绘制图 3-145(不必标注尺寸)。

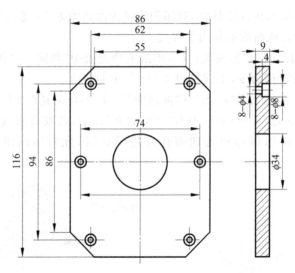

图 3-145 综合实例 3.6.1 图

思路分析:本题在建模之前要分析怎样利用曲面绘制三维图形。选好构图面为俯视图后,绘制一个矩形,再对这个矩形倒角。绘制两组圆弧半径分别为 8mm 和 4mm 的圆,作为沉孔的边界,再绘制一个直径为 34mm 的圆,绘制好后将图素平移复制到深度为 9 的位置,这样两个矩形截面就出现了。而后将两组圆弧半径为 8mm 的圆分别向下平移 4mm,将两组圆弧半径为 4mm 的圆分别向下平移 4mm,将底面两组圆弧半径为 4mm 的圆分别向上平移 5mm。而后对两组沉孔的边界利用举升曲面和平面修整生成曲面,再将这两组曲面复制镜像成 6 组,矩形和中间通孔的侧面可利用举升曲面来创建,而上下面可以利用平面修整来创建。

操作步骤如下。

步骤 1：打开 MasterCAM 软件,选定构图面为"俯视图：T",视角为"俯视角：T",构图深度为 Z0,单击主功能表中"绘图"→"矩形"→"一点"命令,绘制一个长为 86mm、宽为 116mm 的,中心放置在原点的矩形。

步骤 2：单击主功能表中"绘图"→"下一页"→"倒角"命令,弹出对话框。在对话框的"两边距离"中"第一边距离输入计算公式(116－86)/2",而后"第二边距离输入计算公式(86－55)/2",单击对话框中的"确定"按钮,再单击矩形左侧边和顶边;单击矩形左侧边和底边;单击矩形右侧边和底边;单击矩形右侧边和顶边,得到如图 3-146 所示线框。

步骤 3：单击主功能表中"绘图"→"圆弧"→"点直径圆弧"命令,此时输入直径"8"后回车,输入坐标计算公式"－62/2,94/2"回车;输入坐标计算公式"－74/2,0"。单击"点直径圆弧"命令,输入直径"4"回车。单击"圆心点"命令,依次捕捉直径为"8"的两个圆弧,得到如图 3-147 所示线框。

图 3-146　倒角后的矩形线框　　　　图 3-147　绘制出四个圆弧后的线框

步骤 4：选定构图面为"俯视图：T",视角为"等角视角",单击主功能表中"转换"→"平移"命令,此时选取"所有的",单击菜单中"图素"命令后单击"执行"命令,再单击菜单中"直角坐标"命令,并输入坐标"Z9"回车,此时出现对话框。在对话框中单击"复制"命令,单击对话框中的"确定"按钮,得到如图 3-148 所示图形。

步骤 5：单击主功能表中"转换"→"平移"命令,此时选取半径为"8"的两个底面圆弧,单击"执行"命令。单击菜单中"直角坐标"命令并输入坐标"Z9－4"回车,此时出现一个对话框。在对话框中单击"移动"命令,单击对话框中的"确定"按钮。

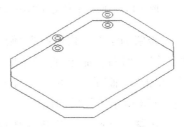

图 3-148　平移后的线框

步骤 6：单击主功能表中"转换"→"平移"命令,此时选取半径为"4"的两个顶面圆弧,单击"执行"命令。单击菜单中"直角坐标"命令并输入坐标"Z－4"回车,在菜单中单击"移动"命令,单击对话框中的"确定"按钮,得到如图 3-149 所示的线框图形。

步骤 7：单击主功能表中"绘图"→"曲面"→"曲面修整"→"平面修整"命令,此时单击左上角共面的直径为"8"和"4"的圆弧,单击"执行"命令。再单击菜单中"执行"命令,并单击另一组共面的直径为"8"和"4"的圆弧。单击"执行"命令,再单击菜单中"执行"命令,得到如图 3-150 所示图形。

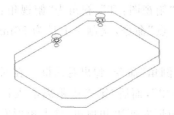 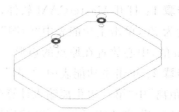

图 3-149　平移圆弧后的线框　　　　　图 3-150　平面修整两圆弧

注意:这里平面修整时,两个圆弧的串连方向可以不同。

步骤 8:单击主功能表中"绘图"→"曲面"→"举升曲面"命令,此时单击的是两个半径为"4"的圆弧,单击"执行"命令,再单击菜单中"执行"命令。再单击另一组的两个半径为"4"的圆弧,单击"执行"命令,再单击菜单中"执行"命令,得到如图 3-151 所示图形。

注意:这里利用"举升曲面"命令创建曲面时,两个圆弧的串连必须同方向、同起点。

步骤 9:单击主功能表中"绘图"→"曲面"→"举升曲面"命令,此时单击两个半径为"8"的圆弧,单击"执行"命令。再单击菜单中"执行"命令,单击另一组两个半径为"8"的圆弧命令,单击"执行"命令,再次单击"执行"命令,得到如图 3-152 所示图形。

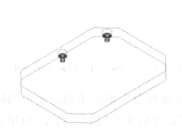 

图 3-151　两组半径为 4 的圆弧生成曲面　　　图 3-152　两组半径为 8 的圆弧生成曲面

步骤 10:选定构图面为"俯视图:T",视角为"俯视角:T",单击主功能表中"转换"→"镜像"→"窗选"命令,此时选取已经创建好曲面的左上角"沉孔"曲面组。单击"执行"命令,单击"X 轴"命令,再单击菜单中"复制"命令。单击对话框中的"确定"按钮,得到如图 3-153 所示镜像后的图形。

注意:一定要切换到俯视图视角和俯视图构图面,才能将所有圆孔的曲面和边界一起被选中并进行镜像操作。如果不切换,在对后面封上下两面时就无法捕捉边界绘制孔。

步骤 11:单击主功能表中"转换"→"镜像"→"窗选"命令,此时选取已经创建好曲面的左上角三组"沉孔"曲面组,单击"执行"命令,单击"Y 轴"命令,再单击菜单中"复制"命令,单击对话框中的"确定"按钮。切换到等角视角,得到如图 3-154 所示镜像后的图形。

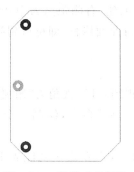
图 3-153 镜像后的图形

图 3-154 镜像后的沉孔图形

步骤 12：切换到俯视角,单击主功能表中"绘图"→"圆弧"→"点直径圆弧"命令,输入直径"34",回车后单击捕捉"原点"放置。

步骤 13：构图面为俯视图：T,视角为等角视角,单击主功能表中"转换"→"平移"命令,此时选取直径为"34"的圆。单击"执行"命令,再单击菜单中"直角坐标"命令,输入坐标"Z9",回车后系统打开对话框。在对话框中单击"复制"命令,单击对话框中的"确定"按钮。

步骤 14：单击主功能表中"绘图"→"曲面"→"举升曲面"命令,此时依次单击两个已倒角的"矩形",单击"执行"命令,再单击菜单中"执行"命令,得到如图 3-155 所示图形。

步骤 15：单击主功能表中"绘图"→"曲面"→"曲面修整"→"平面修整"→"串连"命令,此时依次单击上顶面所有的线框"倒角矩形边、7 个圆弧"。单击"执行"命令,再单击菜单中"执行"命令,依次单击下底面所有的线框"倒角矩形边、7 个圆弧"后,单击"执行"命令。再单击菜单中"执行"命令,得到如图 3-156 所示图形。

图 3-155 创建侧面图形

图 3-156 着色后的曲面

小结：图形创建过程中对矩形和通孔侧面的创建都是利用了"举升曲面"完成的,而上下底面都是利用"平面修整"完成的。这里创建曲面时要注意边界的完整,不论是孔、矩形还是沉孔,它们每个创建的过程中都利用边界来形成曲面。

综合实例 3.6.2：按尺寸绘制图 3-157(不必标注尺寸)。

思路分析：本题的建模方法也是要先选好建模的构图面,利用旋转曲面的方法将中间 SR50

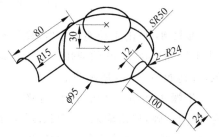
图 3-157 综合实例 3.6.2 图

的球面创建出来,而 R15 的半圆形曲面利用牵引曲面来创建,右侧距离为 100mm 的曲面通过先牵引再曲面延伸得到,最终将这三组曲面两两进行曲面修整,即可得到我们所要的三维建模。

操作步骤如下。

步骤 1:打开 MasterCAM 软件,选定构图面为"俯视图:T",视角为"俯视角:T",构图深度为 Z0,单击主功能表中"绘图"→"圆弧"→"点直径圆"命令,绘制一个如图 3-157 所示的直径为 95mm 的圆,中心放置在原点。

步骤 2:切换构图面为"前视图:F",视角为"前视角:F",单击主功能表中"绘图"→"圆弧"→"两点画弧"命令,输入半径"50",单击"执行"命令。

步骤 3:单击主功能表中"绘图"→"直线"→"水平线"命令,输入 Y 坐标"30"后,单击"上层功能表"命令,再单击"垂直线"命令,然后输入 X 坐标"0"。

步骤 4:单击主功能表中"修整"→"修剪延伸"→"两个物体"命令,选取水平线和圆弧,再选取水平线和垂直线。切换至等角视角,得到如图 3-158 所示线框图。

步骤 5:切换构图面为"前视图:F",视角为"前视角:F",单击主功能表中"绘图"→"圆弧"→"切弧"→"切一物体"命令,此时选取半径为 50 的圆弧,选取"半径为 50 的圆弧与直径为 95 的圆的交点"为切点,并输入半径值为"15",回车,选取右侧的圆弧。

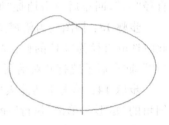

图 3-158 线框图

步骤 6:单击主功能表中"绘图"→"直线"→"水平线"命令,此时输入 Y 坐标"0",单击"执行"命令。

步骤 7:单击主功能表中"修整"→"修剪延伸"→"两个物体"命令,此时选取半径为 15 的圆弧和水平线,单击"删除"命令,然后单击选取水平线。切换至等角视角,得到如图 3-159 所示线框。

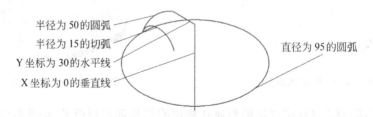

图 3-159 绘制圆弧并修剪后的线框

步骤 8:单击主功能表中"绘图"→"曲面"→"旋转曲面"→"单体"命令,此时依次选取"水平线和半径为 50 的圆弧",单击选取旋转轴"垂直线"。单击"执行"命令,不对曲面着色,得到如图 3-160 所示曲面。

步骤 9:单击主功能表中"绘图"→"曲面"→"牵引曲面"→"单体"命令,此时选取半径为 15 的切弧,单击输入"牵引长度"数值"80"、"牵引角度"数值"0"。单击"执行"命令,不对曲面着色,相交的两个曲面如图 3-161 所示(注意:曲面对曲面修剪时,两组曲面必须完全相交)。

图 3-160　未着色的旋转曲面

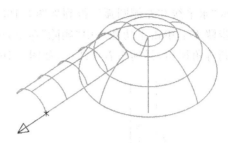

图 3-161　相交的两个曲面

步骤 10：切换构图面为"侧视图：S",视角为"侧视角：S",单击主功能表中"绘图"→"直线"命令,单击"垂直线"命令,并输入 X 坐标为"0"回车。

步骤 11：单击主功能表中"转换"→"单体偏置"命令,此时弹出"单体偏置"对话框,选取"处理方式"为"复制","次数"为"2","补正之距离"为"6",单击"确定"按钮。单击 X 坐标为"0"的垂直线,此时用鼠标分别在该线左侧和右侧单击一次,得到如图 3-162 所示线框。

步骤 12：单击主功能表中"绘图"→"圆弧"→"切弧"→"中心线"命令,提示选取切线,选取图 3-162 中最左侧的垂直线,然后选取圆心所在的直线。单击"水平线"命令并输入半径值"24"。保留垂直线右侧的圆弧则用鼠标单击一下该圆弧。

步骤 13：单击主功能表中"绘图"→"圆弧"→"切弧"→"中心线"命令,提示选取切线,选取图 3-162 中最右侧的垂直线,然后选取圆心所在的直线。单击"水平线"命令并输入半径值"24",保留垂直线左侧的圆弧,用鼠标单击一下该圆弧,得到如图 3-163 所示线框。

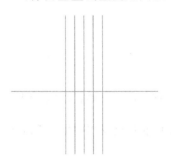

图 3-162　单体偏置后的线框

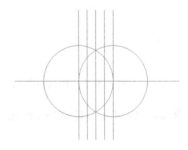

图 3-163　绘制切弧

步骤 14：单击主功能表中"修整"→"修剪延伸"→"两个物体"命令,根据提示选取"水平线和右侧圆弧的左边",再选取"水平线和左侧圆弧的右边",如图 3-164 所示线框。

步骤 15：单击主功能表中"绘图"→"直线"→"水平线"命令,选取 X 坐标为"-6"的垂直线和半径为 24 的圆弧的交点,再选取 X 坐标为"6"的垂直线和半径为 24 的圆弧的交点,确认系统测算出的该水平线 Y 坐标值回车。

步骤 16：单击主功能表中"修整"→"修剪延伸"→"两个物体"命令,根据提示选取"水平线和右侧圆弧",

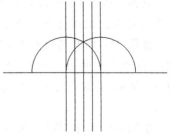

图 3-164　修剪后的线框

再选取"水平线和左侧圆弧",得到如图 3-165 所示线框。

步骤 17:单击主功能表中"删除"命令,单击图 3-165 中"四条垂直线和一条水平线",切换到等角视角,得到未着色线框,如图 3-166 所示。

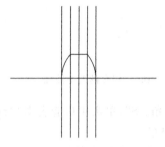
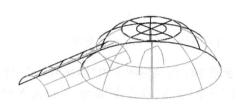

图 3-165 修剪后的线框　　　　　　　　图 3-166 修剪后的线框及曲面

步骤 18:构图面为俯视图,视角为等视角,单击主功能表中"绘图"→"水平线"命令,此时单击 $R24$ 右侧圆弧端点至足够长,结果如图 3-167 所示。

步骤 19:构图面为俯视图,视角为等视角,单击主功能表中"转换"→"平移"→"串连"命令,此时单击 $R24$ 圆弧。单击"执行"命令,再次单击"执行"命令。单击"两点间"命令并捕捉起点,捕捉水平线与 $R24$ 圆弧的交点;捕捉终点捕捉水平线与 $\phi 95$ 圆弧的交点。此时弹出"平移"对话框并设置"方式"为"移动","次数"为"1",单击对话框中的"确定"按钮,结果如图 3-168 所示。

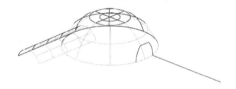

图 3-167 绘制水平线后的线框及曲面　　　　图 3-168 平移后的线框及曲面

步骤 20:构图面为俯视图,视角为等视角,单击主功能表中"删除"命令,单击水平线。

步骤 21:切换到侧视图构图面,视角为等视角,单击主功能表中"绘图"→"曲面"→"牵引曲面"命令,单击 $R24$ 圆弧,然后输入"牵引长度"数值为"100";牵引角度不变,单击"执行"命令,得到如图 3-169 所示曲面。

注意:从图 3-169 曲面中可以发现 $R24$ 圆弧牵引曲面没有与 $SR50$ 球面完全相交,所以要先对 $R24$ 圆弧进行延伸处理。注意一定是一个面一个面地延伸。

步骤 22:切换到俯视图构图面,视角为等视角,单击主功能表中"绘图"→"曲面"→"曲面修整"→"曲面延伸"命令,单击"指定长度"并输入值"10"回车。单击 $R24$ 圆弧曲面的一个侧面,此时在提示箭头方向靠近与 $\phi 95$ 圆弧最近的边界单击,得到如图 3-170 所示曲面。

步骤 23:单击"执行"命令,另两个曲面延伸采用步骤 22 的操作方法做出,最后得到如图 3-171 所示曲面。

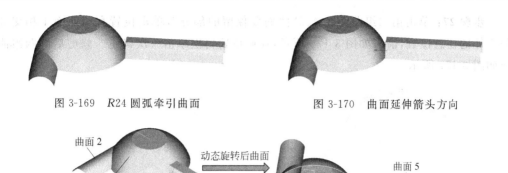

图 3-169　R24 圆弧牵引曲面　　　　　图 3-170　曲面延伸箭头方向

图 3-171　延伸后的曲面

步骤 24：单击主功能表中"绘图"→"曲面"→"曲面修整"→"修整至曲面"命令。单击第一组曲面如图 3-171 所示"曲面 1"后，单击菜单中"执行"命令；单击第二组曲面如图 3-171 所示"曲面 2"，单击"执行"命令，再单击"执行"命令。单击第一组曲面 1"曲面要保留的部分"，单击位置在与曲面 2 相交部分之外的任意位置，箭头如图 3-172 所示。

步骤 25：单击第二组曲面 2"曲面要保留的部分"，单击位置在与曲面 1 相交部分之外的任意位置，箭头如图 3-173 所示，在此位置再次单击一次来确定。修剪后的两组曲面如图 3-174 所示。

图 3-172　单击第一组曲面 1 保留　　　　图 3-173　单击第二组曲面 2 保留
　　　　　部分箭头位置　　　　　　　　　　　　　　　部分箭头位置

步骤 26：单击主功能表中"绘图"→"曲面"→"曲面修整"→"修整至曲面"命令，此时单击第一组曲面如图 3-171 所示"曲面 1"后，单击菜单中"执行"命令。单击第二组曲面如图 3-171 所示"曲面 3"；单击"曲面 4"、"曲面 5"后，单击"执行"命令。再次单击菜单中"执行"命令。单击第一组曲面 1"曲面要保留的部分"，单击位置在与曲面 3、4、5 相交部分之外的任意位置，箭头如图 3-175 所示，在此位置再次单击一次确定。

图 3-174　修剪后的曲面　　　　　图 3-175　单击第一组曲面 1 保留部分箭头位置

步骤 27：单击第二组曲面 3、4、5 "曲面要保留的部分"，单击位置在与曲面 1 相交部分之外的任意位置，箭头如图 3-176 所示，在此位置再次单击一次确定。修剪后的两组曲面如图 3-177 所示。

图 3-176　单击第二组曲面 3、4、5
　　　　　保留部分箭头位置

图 3-177　修整后的所有曲面

小结：建模中的难点有 SR50 球面的创建中旋转截面的创建方法，还有距离为 100mm 的牵引截面的创建方法，再就是每两组曲面进行修整时保证两曲面完全贯穿。

本章小结

通过本章的指令介绍和学习，我们对曲面的创建和编辑有了初步的认识和了解。在曲面创建功能的使用中，举升曲面和直纹曲面的创建方法是基本相似的，但要注意它们的区别；旋转曲面创建过程中要注意的是确定旋转曲线后还要确定旋转轴，两者缺一不可；牵引曲面创建过程中要注意创建牵引面的牵引方向与构图面是垂直的；昆氏曲面创建过程中要注意非自动串连昆氏曲面中切削方向和截断方向缀面数目的确定和段落外形的选取；扫描曲面创建过程中要注意的是轨迹线和截面的确定。曲面编辑功能的使用中需特别注意曲面修整功能的几个选项（修整至曲线、修整至平面、修整至曲面、平面修整等）的使用。要想熟练掌握这些功能，必须多多练习。

综合练习

1. 按尺寸绘制图 3-178（不必标尺寸）。
2. 按尺寸绘制图 3-179（不必标尺寸）。
3. 按尺寸绘制图 3-180（不必标尺寸）。
4. 按尺寸绘制图 3-181（不必标尺寸）。
5. 按尺寸绘制图 3-182（不必标尺寸）。

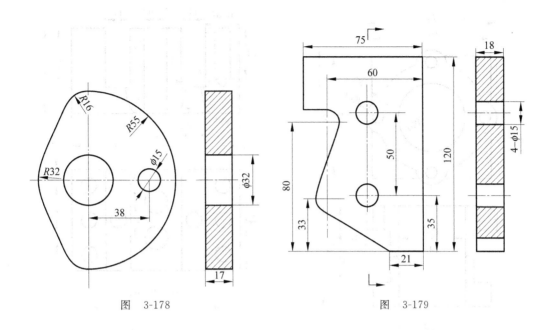

图 3-178　　　　　　　　　　　　图 3-179

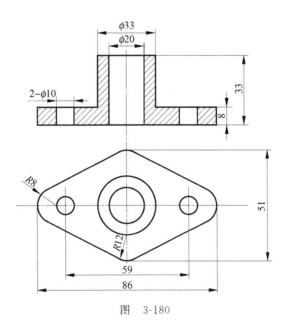

图 3-180

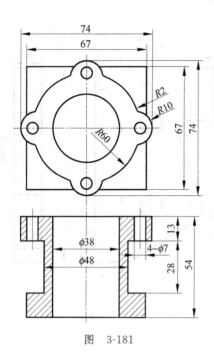
图 3-181

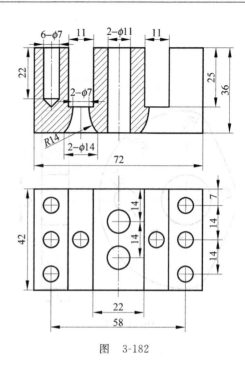
图 3-182

三维实体创建与编辑

MasterCAM 除了具有强大的三维曲面造型功能,还有三维实体造型功能。三维曲面造型的内部是空心的,而三维实体造型的内部是实心的,更接近真实的物体。实体造型是目前应用广泛、思路容易被人接受、技术比较成熟、过程直观且逼真的造型方法,尤其是有三维曲面造型和编辑操作基础的,掌握三维实体造型和编辑的操作则更加容易,因为许多操作思路是相通的,且菜单使用也是相通的。从本章开始介绍创建及编辑三维实体对象的有关知识。

三维实体造型的菜单及功能如图 4-1 所示。

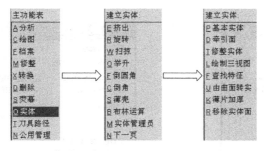

图 4-1 三维实体造型菜单及功能表

4.1 实体创建

实体创建包括挤出、旋转、扫掠、举升、倒圆角等功能。

4.1.1 挤出实体

实体创建功能中,有些书中将挤出实体称为拉伸实体。利用二维串连封闭线条经过挤出操作后可创建实体,也可以同时对多个串连图素进行挤出操作。

练习指导 4.1.1：创建如图 4-2 的挤出实体。

操作步骤如下。

步骤 1：打开 MasterCAM 9.1 软件，单击主功能表中的"绘图"→"矩形"命令，绘制一个长为 50mm，宽为 25mm 的矩形。

步骤 2：切换到等角视角，依次单击"实体"→"挤出"→"串连"命令，选取刚绘制的矩形的边线。单击"执行"命令，出现挤出方向菜单和箭头如图 4-3 和图 4-4 所示。

步骤 3：确定当前的箭头方向就单击"执行"命令，否则单击"反向"命令。在挤出方向改变后，单击"执行"命令，弹出"挤出实体之参数设定"对话框，如图 4-5 所示。

图 4-2　着色后挤出实体

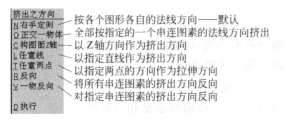

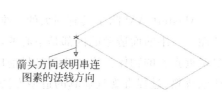

图 4-3　挤出实体菜单及功能表　　　　　图 4-4　挤出实体串连图素法线方向

步骤 4：设置的参数如图 4-6 所示，选中"增加拔模角"，选中"朝外"，"角度"为"5.0"，"距离"设置为"25.0"，选中"两边同时延伸"、"对称拔模角"，设置完成后，单击"确定"按钮，着色后实体如图 4-2 所示。

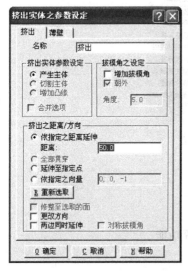

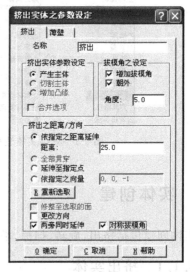

图 4-5　"挤出实体之参数设定"对话框　　　图 4-6　参数设置后菜单

练习指导 4.1.2：创建如图 4-7 所示薄壁实体。

操作步骤如下。

步骤 1：打开 MasterCAM 9.1 软件，单击主功能表中的"绘图"→"矩形"命令，绘制

 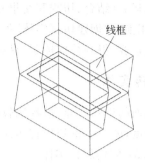

(a) 着色后挤出朝外薄壁实体　　(b) 未着色挤出朝内和朝外薄壁实体

图 4-7　薄壁实体创建的另两种情况

一个长为 50mm，宽为 25mm 的矩形。

步骤 2：切换到等角视角，单击"实体"→"挤出"→"串连"命令，选取刚绘制的矩形的边线，然后单击"执行"命令。

步骤 3：当单击"执行"命令后，弹出"挤出实体之参数设定"对话框，如图 4-5 所示。设置挤出参数如图 4-6 所示，再单击"薄壁"选项卡，如图 4-8 所示。

步骤 4：选中"薄壁实体"、"厚度向内"（也可以选中"厚度朝外"或"内外同时产生薄壁"），对应的"向内之厚度"框中输入"5"，单击"确定"按钮，着色后实体如图 4-9 所示。

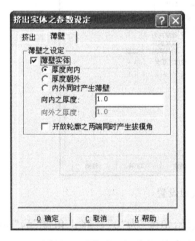 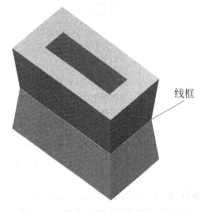

图 4-8　"薄壁"选项卡　　　　　图 4-9　着色后挤出朝内薄壁实体

注意：除向内实现薄壁功能外，还可以向外生成薄壁以及向内向外同时生成薄壁，读者可以试试，得到的结果如图 4-7 所示。

这里对实体保存时，不能删除已存在的线框，否则再次打开实体时，实体不存在。

在"挤出实体之参数设定"对话框中只介绍到了"产生实体"的功能，除此之外还有"切割实体"和"增加凸缘"。"切割实体"是在已有的实体基础上，像"切蛋糕"一样去掉多余材料；"增加凸缘"是在已有实体基础上创建新的实体并且与原实体是一个整体。

复杂的实体可以用多个实体组合就像小孩搭积木一样，这个思路在实体建模中被借用，而对两个实体的合与分可以通过实体"布林运算"来实现。其实也就是将创建实体和后面要介绍的布林运算(结合、切割和交集)操作步骤联合使用,这样可以加快创建复杂实体的速度。比如,用前面"创建切割实体"得到的挖掉后的结果也可以用创建出来的新实体与主实体进行差运算,得到被挖掉了"材料"的新实体。

4.1.2 旋转实体

与创建旋转曲面的思路一样,过程比较简单,即将一个截面图形(必须是封闭的)沿着旋转轴旋转一定角度,就可以得到旋转实体。

练习指导 4.1.3:创建旋转实体。

操作步骤如下。

步骤 1:打开 MasterCAM 9.1 软件,绘制的图形如图 4-10 所示。

步骤 2:切换到等角视角,单击主功能表中的"实体"→"旋转"→"串连"命令,选取绘制的四边形的任一条边线,然后单击"执行"命令。

步骤 3:系统提示选取旋转轴,这里选取绘制的垂直线,然后单击"执行"命令,弹出如图 4-11 所示的选项设置。

图 4-10 旋转实体截面及旋转轴

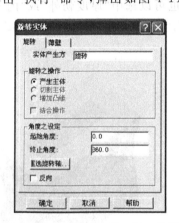
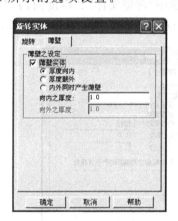

图 4-11 旋转实体选项设置

步骤 4:确定旋转实体当前设置"产生实体","起始角度"为"0","终止角度"为"360.0";然后单击"薄壁"选项卡。在该选项卡中选中"薄壁实体","厚度向内","向内之厚度"为"1.0",单击"确定"按钮,得到如图 4-12 所示的旋转薄壁实体的线框表达和着色实体表达。

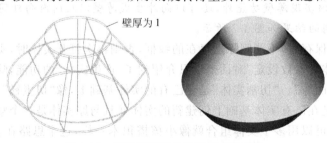

图 4-12 旋转薄壁实体线框和着色表达

选项设置修改操作：菜单中系统提示选项修改"产生实体；起始角度：90；终止角度：270"；不选中"薄壁实体"(只是创建旋转实体)，得到如图4-13所示实体。

4.1.3 扫掠实体

扫掠实体的创建与扫描曲面创建方法类似，将截面沿着轨迹线扫描过去，就可以形成扫掠实体，扫掠实体创建过程中要注意合理性，否则不能成功。

图4-13 选项重设后的旋转实体

练习指导4.1.4：绘制一个扫掠实体。

操作步骤如下。

步骤1：打开MasterCAM软件，选定构图面为"俯视图：T"，视角为"俯视角：T"，构图深度为Z0，单击主功能表中"绘图"→"下一页"→"螺旋线/缠绕线"命令，弹出对话框。对参数进行设置，设置的值如图4-14所示。

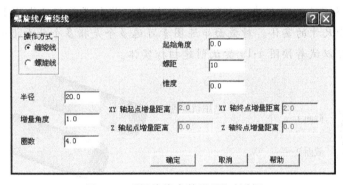

图4-14 "螺旋线参数设置"对话框

步骤2：单击"确定"按钮后将螺旋线放置在"原点"，切换到等角视角，得到如图4-15所示螺旋线。

步骤3：切换到"前视角：F"，构图面为"前视图：F"，单击主功能表中"绘图"→"圆弧"→"点半径圆"命令，输入圆弧半径为"2"回车，再单击"螺旋线"上的A点。

步骤4：切换到等角视角，得到如图4-16所示螺旋线及圆弧（中心在螺旋线起点）。

步骤5：单击主功能表中的"实体"→"扫掠"命令，在弹出的菜单中单击"扫掠截面串连图素"命令，选取已绘图，然后单击"执行"命令，如图4-16所示。

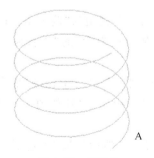

图4-15 螺旋线

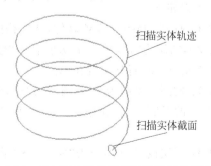

图4-16 待扫描实体的轨迹螺旋线和截面圆弧

步骤 6：单击"扫掠路径串连图素"→"扫掠"→"串连"命令，然后选取"螺旋线"起始点 A 点弹出的菜单选项，如图 4-17 所示。

步骤 7：单击"确定"按钮，得到如图 4-18 所示着色后的"弹簧"。

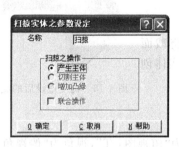
图 4-17　扫掠实体参数设置选项

图 4-18　着色后的"弹簧"

注意：创建扫掠曲面时，截面和轨迹线可以为多个（但不能同时为多个，其中必有一个为 1，另一个为多个），而创建一个扫掠实体时，轨迹线和截面都只能为 1，故扫掠实体不能创建可变截面尺寸的实体。对截面串连图素可选多个是指多个截面沿一个轨迹线扫掠成实体。读者可以试着按图 4-19 尝试创建扫掠实体。

图 4-19　多个截面一个轨迹线的扫掠实体

4.1.4　举升实体

举升实体的创建操作与举升曲面的创建操作类似，该命令可将数个平行的截面用直线或曲线连接起来形成实体。三维曲面造型中除了举升曲面建模外还有直纹曲面建模，而在实体造型中，"直纹实体"的创建包含在举升实体创建的操作中。

练习指导 4.1.5：绘制一个举升实体。

操作步骤如下。

步骤 1：打开 MasterCAM 软件，选定构图面为"俯视图：T"，视角为"俯视角：T"，构图深度为 Z0，图层为"1"，单击主功能表中"绘图"命令，绘制半径为 20 的"外接圆"六边形，单击"确定"按钮，将其放置在原点。

步骤 2：构图深度改为 Z50，图层为"1"，单击"绘图"→"圆弧"→"点半径圆"命令，绘制半径为 10 的"圆"，放置在原点，单击"确定"按钮切换到等角视角，得到如图 4-20 所示的图形。

步骤 3：图层设置为 2，单击"实体"→"举升"→"串连"命令，然后选取"六边形"作为截面 1，再单击"圆"作为截面 2，如图 4-21 所示。

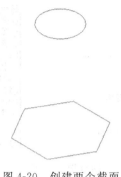

图 4-20　创建两个截面　　　　　　图 4-21　显示截面选取箭头

注意：截面 1 和截面 2 两处的箭头要同起点、同方向。

步骤 4：单击"执行"命令，弹出如图 4-22 所示的"举升实体之参数设定"对话框。

步骤 5：对选项设置的项目不进行修改，直接单击"确定"按钮，得到如图 4-23 所示着色后的实体。

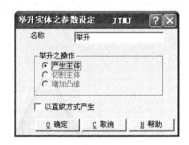

图 4-22　"举升实体之参数设定"对话框　　　图 4-23　着色后举升实体

4.1.5　基本实体

在实体造型中将有几种形状规则而且经常使用的形体，如球、圆柱、长方体等。这些实体可以很方便地生成和修改，使用比较方便，下面逐个介绍这些基本实体。

1. 圆柱实体

练习指导 4.1.6：绘制一个圆柱实体。

操作步骤如下。

步骤 1：单击主功能表中"实体"→"下一页"→"基本实体"→"圆柱"命令，弹出菜单和系统默认设置的圆柱实体，如图 4-24 所示。

步骤 2：单击"轴向"命令，弹出菜单如图 4-25 所示，可以对圆柱摆放的方向按菜单选项设定。

步骤 3：单击"基准点"命令，弹出菜单如图 4-26 所示，可以对圆柱放置的位置按菜单提示设定。

2. 圆锥实体

练习指导 4.1.7：绘制一个圆锥实体。

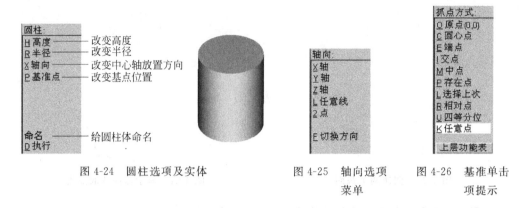

图 4-24　圆柱选项及实体　　　图 4-25　轴向选项菜单　　　图 4-26　基准单击项提示

操作步骤如下。

步骤 1：单击主功能表中"实体"→"下一页"→"基本实体"命令，根据提示选取"圆锥"后弹出菜单和系统默认设置的圆锥实体，如图 4-27 所示。

步骤 2：改变需要修改的参数后，单击"执行"命令，即圆锥实体创建成功。

注意：若想创建一个顶部是"尖"形的圆锥，则将"顶部半径"设为"0"，即可得到如图 4-28 所示的圆锥实体。

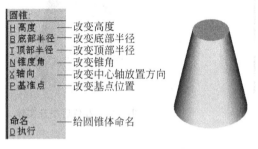 

图 4-27　圆锥选项及实体　　　　　　　图 4-28　尖顶圆锥

3. 立方体实体

练习指导 4.1.8：绘制一个立方体实体。

操作步骤如下。

步骤 1：单击主功能表中的"实体"→"下一页"→"基本实体"命令，选取"立方体"后弹出菜单和系统默认设置的立方体实体，如图 4-29 所示。

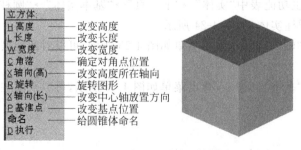

图 4-29　立方体选项及实体

步骤 2：改变需要修改的参数后，单击"执行"命令，即立方体实体创建成功。

4. 球实体

练习指导 4.1.9：绘制一个球实体。

操作步骤如下。

步骤 1：单击主功能表中的"实体"→"下一页"→"基本实体"命令，选取"球"后弹出菜单和系统默认设置的球实体，如图 4-30 所示。

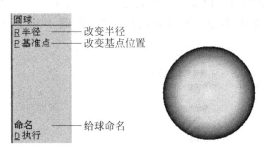

图 4-30　球的选项及实体

步骤 2：改变需要修改的参数后，单击"执行"命令，即球实体创建成功。

5. 圆环实体

练习指导 4.1.10：绘制一个圆环实体。

操作步骤如下。

步骤 1：单击主功能表中的"实体"→"下一页"→"基本实体"命令，选取"球"后弹出菜单和系统默认设置的圆环实体，如图 4-31 所示。

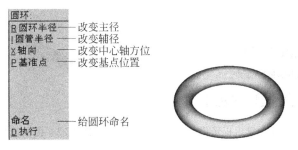

图 4-31　圆环的选项及实体

步骤 2：改变需要修改的参数后，单击"执行"，即圆环实体创建成功。

4.1.6　由曲面生成实体

练习指导 4.1.11：绘制一个曲面转实体。

操作步骤如下。

步骤 1：打开 MasterCAM 9.1 软件，单击主功能表中的"绘图"→"圆弧"→"极坐标圆弧"命令，绘制一个半径为"20"的"半圆弧"且"起始角度"为"0"，"终止角度"为"180"，单击"确定"按钮将其中心放置在原点。

步骤2：单击"绘图"→"曲面"→"牵引曲面"命令，修改"牵引长度"为"-60"；"牵引角度"为"0"，单击"执行"命令，得到如图4-32所示着色后的曲面。

步骤3：单击"实体"→"下一页"→"由曲面转实"命令，弹出"曲面转换成实体"对话框，如图4-33所示。

图4-32　创建一个半圆弧曲面

步骤4：选中对话框中"保留"选项且去掉"使用主层"前的"√"，单击"确定"按钮，然后弹出提示框，如图4-34所示。

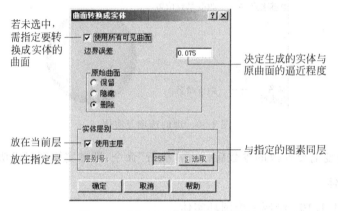

图4-33　"曲面转换成实体"对话框

步骤5：单击提示框中"是"按钮，系统又弹出提示框，即提示为边界线选定一种颜色，选好后单击"确定"按钮，得到如图4-35所示着色后的实体。

图4-34　选项设置后提示框

图4-35　由曲面生成的薄壁实体

注意：图4-35中实体和曲面重叠在一起分不清，为了分开观察，我们再对这个图形进行下一步操作。

步骤6：单击主功能表中"转换"→"平移"→"所有的"→"实体"命令，然后单击"执行"命令，再单击"两点间"，并选定原弧边界的"圆心"。选取图面上任意一点位置，得到如图4-36所示着色后的实体及曲面。

注意：新生成的实体虽然显示的是薄壁实体，即它是没有厚度的，但它的属性已经属于实体了。如果给它增加厚度可以利用后面我们将要学习的"编辑实体"中"薄片加厚"来处理。

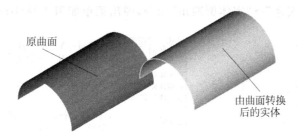

图 4-36 着色后实体及曲面

4.2 编辑实体

三维实体造型的菜单及功能如图 4-37 所示。

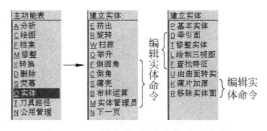

图 4-37 三维实体造型菜单及功能表

这里对几个编辑实体命令进行说明。
(1) 薄壳——将实体变为空心或者从实体表明挖去一部分实体。
(2) 布林运算——通过对简单形体进行结合、切割和交集运算将它变为整体实体。
(3) 实体管理员——记录实体组成的内容和过程且可对操作步骤进行修改。
(4) 牵引面——将实体面按要求牵引一定的角度。
(5) 绘制三视图——由已有的实体自动创建其多面视图。
(6) 查找特征——将插入的实体上的内孔或圆角等特征提出供以后编辑。
(7) 薄片加厚——增厚薄壁实体。
(8) 移除实体面——移去指定表面。
具体操作及使用下面分别予以介绍。

4.2.1 实体倒圆角

1. 常数半径倒圆角

练习指导 4.2.1：绘制一个立方体实体倒圆角。
操作步骤如下。
步骤 1：打开 MasterCAM 软件，单击主功能表中的"实体"→"下一页"→"基本实体"→"立方体"命令，在参数设置对话框中分别设置"长度"数值为"40"、"宽度"数值为"30"、"高度"数值为"20"，切换到等角视角，得到如图 4-38(a)所示的立方体实体。

步骤 2：单击"实体"→"实体倒圆角"命令，弹出菜单如图 4-38(b)所示。

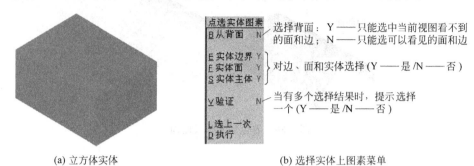

(a) 立方体实体　　　　　　　　　　　　(b) 选择实体上图素菜单

图 4-38　立方体实体及实体选取菜单

步骤 3：分别对菜单中"实体边界、实体面和实体主体"倒圆角后，得到如图 4-39 所示三种情况的实体。

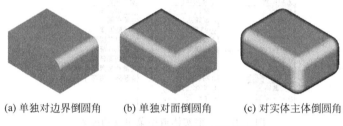

(a) 单独对边界倒圆角　　(b) 单独对面倒圆角　　(c) 对实体主体倒圆角

图 4-39　倒圆角选项的三种情况

步骤 4：单击"实体"→"实体倒圆角"命令，再单击"从背面"命令和"实体面"命令，得到如图 4-40 所示选中不可见实体面。

步骤 5：当单击"执行"命令后弹出实体"倒圆角之参数设定"对话框，如图 4-41 所示。

步骤 6：输入半径数值"5"后，单击"确定"按钮得到如图 4-42 所示倒圆角后实体。

说明：对"倒圆角之参数设定"对话框中"超出之处理"、"角落斜接"和"沿切线边界延伸"三个功能进行说明。

图 4-40　选中不可见实体面

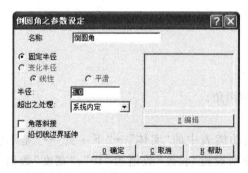

图 4-41　"倒圆角之参数设定"对话框　　　图 4-42　旋转后立方体背面倒圆角后的结果

（1）超出之处理：有三种处理方式分别是"系统内定"、"维持熔接"和"维持边界"。这三种情况倒圆角后的实体如图 4-43 所示。

(a) 系统内定倒圆角　　　　(b) 维持熔接倒圆角　　　　(c) 维持边界倒圆角

图 4-43　超出之处理倒圆角的三种情况

从以上实体倒圆角的三种图形结果可以发现，如果圆角半径过大且超出实体上与圆角相接的某个面，称为溢出，这会影响面与面之间的连接关系。下面对其处理方式进行介绍。

- 系统内定——默认方式，根据要倒圆角的两个面的实际情况，按最佳方式自动选择倒圆角。
- 维持熔接——尽可能维持圆角处的变化趋势，而其他相关的面可能发生一些变化（延伸、修剪等）。
- 维持边界——尽可能维持与圆角相关的面上的边界。

（2）角落斜接：用于三条边的交汇处形成的角落倒圆角时的处理方式，如图 4-44 所示。

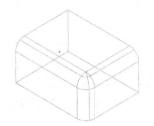 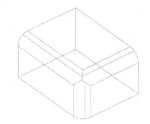

(a) 未选中"角落斜接"倒圆角结果　　　(b) 选中"角落斜接"倒圆角结果

图 4-44　"角落斜接"倒圆角对比

（3）沿切线边界延伸：指是否将倒圆角延伸到相切的边上，也就是说，虽然可能只单击了一处要倒圆角的边线，但只要与该边线相切的所有边线都将倒圆角，一直到不相切为止。注意要"相切"，如图 4-45 所示。

2．变化半径倒圆角

练习指导 4.2.2：绘制一个立方体实体变化半径倒圆角。

操作步骤如下。

步骤 1：打开 MasterCAM 软件，单击主功能表中的"实体"→"下一页"→"基本实体"→"立方体"命令，在参数设置对话框中分别设置"长度"数值为"40"、"宽度"数值为

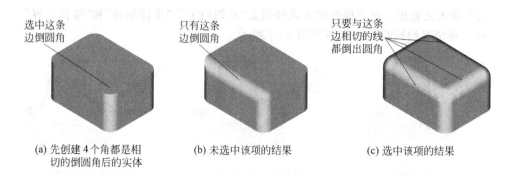

(a) 先创建 4 个角都是相切的倒圆角后的实体　　(b) 未选中该项的结果　　(c) 选中该项的结果

图 4-45　"沿相切边界线延伸"倒圆角

"30"、"高度"数值为"20",切换到等角视角,得到如图 4-46 所示立方体实体。

步骤 2：单击"实体"→"实体倒圆角"命令,弹出菜单如图 4-38 所示,这里不再重复说明。

步骤 3：在弹出的菜单中单击"实体边界 Y"命令后,单击图 4-46 中选中的实体边界。

步骤 4：当单击"执行"命令后弹出实体"倒圆角之参数设定"对话框。

步骤 5：当选中"变化半径"并单击"边界 1"前面的"＋"后,对话框如图 4-47 所示。

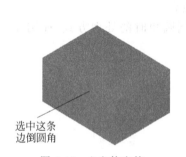

图 4-46　立方体实体

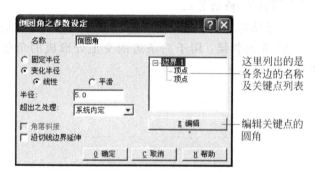

图 4-47　"倒圆角之参数设定"对话框

步骤 6：单击对话框中"编辑"按钮后,弹出菜单如图 4-48 所示。

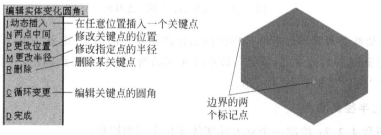

图 4-48　"编辑"命令菜单及实体边界倒圆角标记点

步骤 7：单击菜单中"两点中间"命令,然后依次选取边界的两个标记点中间位置时弹出菜单输入值"10",图面 AB 点之间显示 C 点标记。

步骤 8：单击菜单中"动态插入"命令，然后单击"边界"命令，用鼠标在边界上自由移动，这里在 AB 两点间任意插入两个标记点 D、E，分别输入半径值为"2"和"4"，图形如图 4-49 所示。

步骤 9：单击"完成"命令，再单击"倒圆角之参数设定"对话框中的"确定"按钮，效果如图 4-50 所示。

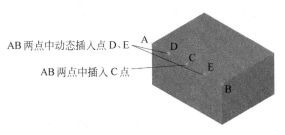 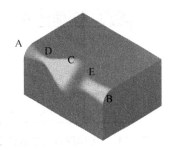

图 4-49　插入点标记　　　　　　图 4-50　倒出变半径圆角

对半径变化倒圆角参数选项中菜单设置"改变位置、改变半径、删除和循环变更"的功能，读者可自行尝试。

4.2.2　实体倒角

在工厂中倒角操作比倒圆角操作用得多些，因为圆角不易加工。除了零件功能上的需要或美观上需要外，有时担心零件上锐利的边角会划伤人的身体，也要对这些边进行倒角，对加工工人来说，似乎是件习以为常的事。

练习指导 4.2.3：绘制一个立方体实体倒角。

操作步骤如下。

步骤 1：打开 MasterCAM 软件，单击主功能表中的"实体"→"下一页"→"基本实体"→"立方体"命令，在参数设置对话框中分别设置"长度"数值为"40"、"宽度"数值为"30"、"高度"数值为"20"，切换到等角视角，得到如图 4-51 所示立方体实体。

步骤 2：单击"实体"→"倒角"命令，弹出菜单如图 4-52 所示。

步骤 3：单击"不同距离"命令，弹出如图 4-53 所示菜单，菜单功能同前。

图 4-51　立方体实体　　　　图 4-52　倒角选项菜单　　　　图 4-53　实体图素菜单

步骤 4：单击"实体面"、"实体边界"后，选中图中立方体"顶面"后再单击"执行"命令，弹出"实体倒角之参数设定"对话框，如图 4-54 所示。

步骤 5：输入值"距离 1"为"8.0"、"距离 2"为"4.0"，然后单击"确定"按钮，得到如图 4-55 所示实体。

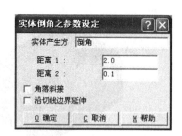
图 4-54 "实体倒角之参数设定"对话框

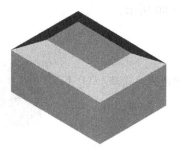
图 4-55 实体倒角结果

4.2.3 实体薄壳

实体薄壳就是将实体内部掏空，使实心的实体变为有一定厚度的空心实体。

练习指导 4.2.4：绘制一个立方体实体薄壳。

操作步骤如下。

步骤 1：打开 MasterCAM 软件，单击主功能表中的"实体"→"下一页"→"基本实体"→"立方体"命令，在参数设置对话框中分别设置"长度"数值为"40"、"宽度"数值为"30"、"高度"数值为"20"，切换到等角视角，得到如图 4-56 所示立方体实体。

步骤 2：单击"实体"→"薄壳"命令，弹出菜单如图 4-57 所示。

步骤 3：单击"实体面为 N"、"实体边界为 Y"后，选中图中立方体"顶面"，再单击"执行"命令，弹出"薄壳实体"对话框，如图 4-58 所示。

图 4-56 立方体实体

图 4-57 实体图素菜单

图 4-58 "薄壳实体"对话框

步骤 4：对参数选项逐个设置后得到三种情况的薄壳如图 4-59 所示。

4.2.4 布林运算

布林运算是实体造型中的一种重要方法。利用布林运算可以建造出复杂的形体。布

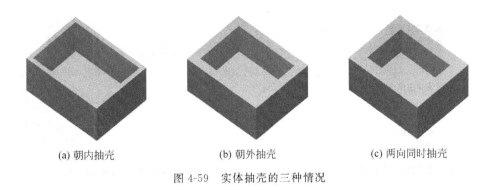

(a) 朝内抽壳　　　　　　　(b) 朝外抽壳　　　　　　　(c) 两向同时抽壳

图 4-59　实体抽壳的三种情况

林运算包括三种运算方式：结合—求并运算；切割—求差运算；交集—求交运算。

1. 布林运算——结合

练习指导 4.2.5：利用布林运算——结合创建实体。

操作步骤如下。

步骤 1：打开 MasterCAM 软件，单击主功能表中的"实体"→"下一页"→"基本实体"→"立方体"命令，在参数设置对话框中分别设置"长度"数值为"40"、"宽度"数值为"30"、"高度"数值为"20"，切换到等角视角，得到如图 4-60 所示立方体实体。

步骤 2：单击"实体"→"下一页"→"基本实体"→"圆柱"命令，在参数设置对话框中分别设置"半径"数值为"10"、"高度"数值为"40"，切换到"等角视角"，得到如图 4-61 所示立方体实体和圆柱体。

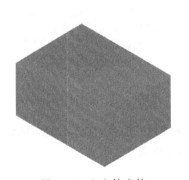　　　　　　　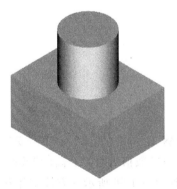

图 4-60　立方体实体　　　　　　　　　　图 4-61　立方体和圆柱体

注意：这里立方体和圆柱体是两个不同的个体，它们不是整体，要想变成一个实体可以进行布林运算，步骤如下。

步骤 3：单击"实体"→"布林运算"→"结合"命令，弹出如图 4-62 所示菜单提示，单击"实体主体"命令后，系统提示 请选取要布林运算的目标主体 。单击"立方体"后系统提示 请选取要布林运算的工件主体 。单击"圆柱"后再单击"执行"命令，切换到等角视角，得到如图 4-63 所示立方体实体和圆柱体。

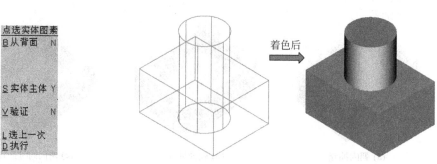

图 4-62　结合图素选择菜单　　　　图 4-63　立方体和圆柱体线框和实体

步骤 4：单击"执行"命令后得到如图 4-64 所示线框结合后的实体。

2．布林运算——切割

练习指导 4.2.6：利用布林运算——切割创建实体。

操作步骤如下。

步骤 1：打开 MasterCAM 软件，单击主功能表中的"实体"→"下一页"→"基本实体"→"立方体"命令，在弹出的对话框中分别设置"长度"数值为"40"、"宽度"数值为"30"、"高度"数值为"20"，切换到等角视角，得到如图 4-65 所示立方体实体。

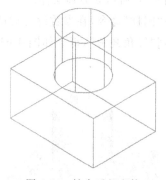

图 4-64　结合后的实体

图 4-65　立方体实体

步骤 2：单击"实体"→"下一页"→"基本实体"→"圆柱"命令，在弹出的对话框中分别设置"半径"数值为"10"、"高度"数值为"40"，切换到等角视角，得到如图 4-66 所示立方体实体和圆柱体。

步骤 3：单击"实体"→"布林运算"→"切割"命令，弹出如图 4-67 所示菜单提示，单击"实体主体"命令后系统提示请选取要布林运算的目标主体。单击"立方体"后系统提示请选取要布林运算的工件主体。选取"圆柱"再单击"执行"命令，切换到等角视角，得到如图 4-68 所示立方体实体和圆柱体。

步骤 4：单击"执行"命令后得到如图 4-69 所示线框切割后的实体。

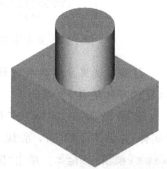

图 4-66　立方体和圆柱体

第4章 三维实体创建与编辑

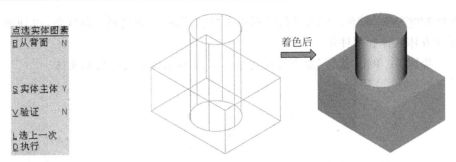

图 4-67 结合图素选择菜单　　　　图 4-68 立方体和圆柱体线框和实体

3. 布林运算——交集

练习指导 4.2.7：利用布林运算——交集创建实体。

操作步骤如下。

步骤 1：打开 MasterCAM 软件，单击主功能表中"实体"→"下一页"→"基本实体"→"立方体"命令，在参数设置对话框中分别设置"长度"数值为"40"、"宽度"数值为"30"、"高度"数值为"20"，切换到等角视角，得到如图 4-70 所示立方体实体。

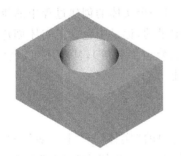 

图 4-69 切割后的实体　　　　　　图 4-70 立方体实体

步骤 2：单击"实体"→"下一页"→"基本实体"→"圆柱"命令，在参数设置对话框中分别设置"半径"数值为"10"、"高度"数值为"40"，切换到等角视角，得到如图 4-71 所示实体。

步骤 3：单击"实体"→"布林运算"→"交集"命令，弹出如图 4-72 所示菜单提示，单击"实体主体"命令后系统提示 请选取要布林运算的目标主体 。单击"立方体"后系统提示

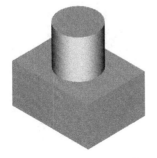 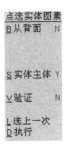

图 4-71 立方体和圆柱体　　　　　图 4-72 结合图素选择菜单

请选取要布林运算的工件主体。单击"圆柱"再单击"执行"命令,切换到等角视角,得到如图 4-73 所示立方体实体和圆柱体。

步骤 4:单击"执行"命令后得到如图 4-74 所示线框交集后的实体。

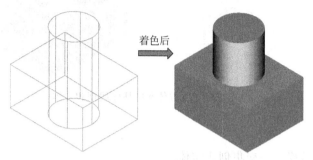

图 4-73 立方体和圆柱体线框和实体　　　　图 4-74 交集后的实体

4.2.5　实体管理员

实体管理员在实体造型中起着重要的作用。一个复杂的实体创建过程一定包含多次实体的创建和编辑(含布林运算)操作。实体管理员对一个实体的创建过程中的每一步都详细记载,而且是按照实体创建和编辑的先后顺序记录的,记录中包含了实体创建的相关参数,因此可以对上一次的操作进行修改(比如删除、修改参数等),其至还可以将创建顺序重排,这样处理后实体将按新的顺序自动重新创建。

练习指导 4.2.8:利用实体管理员创建实体。

操作步骤如下。

步骤 1:打开 MasterCAM 软件,单击主功能表中的"实体"→"下一页"→"基本实体"→"立方体"命令,在参数设置对话框中分别设置"长度"数值为"40"、"宽度"数值为"30"、"高度"数值为"20",切换到等角视角,得到如图 4-75 所示立方体实体。

步骤 2:单击"实体"→"下一页"→"基本实体"→"圆柱"命令,在参数设置对话框中分别设置"半径"数值为"10"、"高度"数值为"40",切换到等角视角,得到如图 4-76 所示立方体实体和圆柱体。

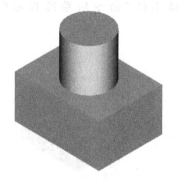

图 4-75 立方体实体　　　　　　　　　　图 4-76 立方体和圆柱体

步骤3：单击"实体"→"布林运算"→"结合"命令,弹出菜单提示,单击"实体主体"命令后系统提示 请选取布林运算的目标主体 。单击"立方体"后系统提示 请选取布林运算的工件主体 。选取"圆柱"后单击"执行"命令,切换到等角视角,得到如图4-77所示立方体实体和圆柱体。

步骤4：单击"执行"命令后得到如图4-78所示线框结合后的实体。

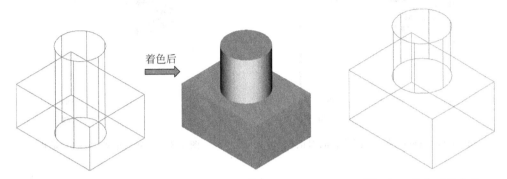

图4-77　立方体和圆柱体线框和实体　　　　　图4-78　结合后的实体

注意：当操作者执行到这里发现本来要执行"布林运算"中"切割"操作而执行了"结合"操作,按 ⤺ 也没反应,怎么解决呢？可利用"实体管理员"操作步骤来重做。

步骤5：单击"实体"→"实体管理员"命令,弹出如图4-79所示对话框,将对话框操作展开。

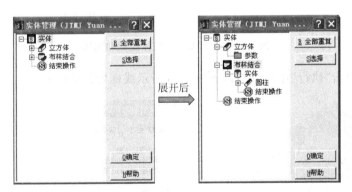

图4-79　"实体管理员"对话框

步骤6：用鼠标右键单击"实体管理员"对话框中"布林结合"项,在弹出的快捷菜单中单击"删除"命令,得到对话框如图4-80所示。如果单击"确定"按钮,实体还是保持"布林结合"状态。

步骤7：如果单击"确定"按钮实体还是保持"布林结合"状态,怎么才能真正返回"布林运算"上一个任务且去掉"实体"前面的红色"×"呢？单击"实体管理员"对话框中"全部重算"按钮,再单击"确定"按钮,得到对话框如图4-81所示,实体回复到图4-77所示状态。

步骤8：单击"实体"→"布林运算"→"切割"命令,弹出菜单提示,单击"实体主体"命令后系统提示 请选取布林运算的目标主体 。单击"立方体"后系统提示 请选取布林运算的工件主体 。选取"圆柱"后单击"执行"命令,切换到等角视角,得到如图 4-82 所示立方体实体和圆柱体。

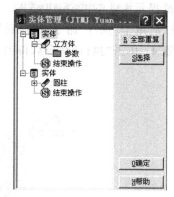

图 4-80　删除"布林结合"后的对话框　　　　图 4-81　"全部重算"后的对话框

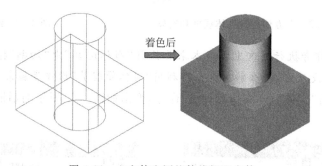

图 4-82　立方体和圆柱体线框和实体

步骤 9:单击"执行"命令后得到如图 4-83 所示线框切割后的实体。

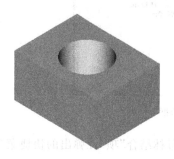
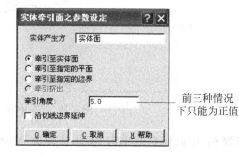

图 4-83　切割后的实体　　　　图 4-84　"实体牵引面之参数设定"对话框

4.2.6　牵引面

牵引面其实是将实体上的某个面旋转一定的角度,当然,其他与该面有共交线的面也会跟着发生变化,保持与该面的连接关系。往哪个方向倾斜,到时候就会出现一个圆台形虚拟标志,而且方向可以改变,这种使某个面(某些面)倾斜一定角度的操作在设计模具的拔模斜度时非常有用。"实体牵引面之参数设定"对话框如图 4-84 所示。

1. 牵引至实体面

将要牵引的面牵引到实体上的某个面处，这个面的大小不会发生变化，而与牵引面相连的面则会因牵引面的变化而变化，如图 4-85 所示。

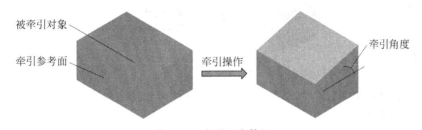

图 4-85　牵引至实体面

2. 牵引至指定平面

与牵引至实体面类似，只是它将要牵引的面牵引到其他面上而不是牵引到实体上的某个面处，这里定义的平面可以是虚拟的，如图 4-86 所示。

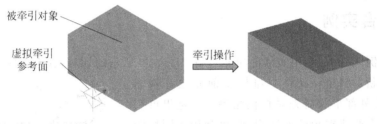

图 4-86　牵引至指定面

3. 牵引至指定边界

与牵引至实体面类似，只是它将要牵引的面沿着某条边界牵引，这里定义的是实体边界，如图 4-87 所示。

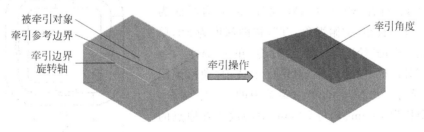

图 4-87　牵引至指定边界

4.2.7　修整实体

修剪实体的操作可以将已经创建出来的平面、曲面或者实体薄片用来修剪。该操作与曲面编辑中修剪曲面的操作相仿，只是这里的对象换成了实体，操作方法也比较简单。修剪实体菜单项如图 4-88 所示。具体操作方法在后面综合实例中介绍。

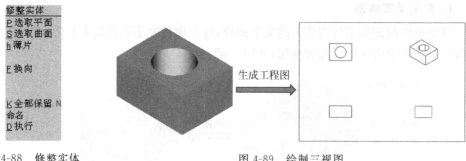

图 4-88　修整实体菜单项　　　　　　图 4-89　绘制三视图

4.2.8　绘制三视图

利用该命令可以由创建的实体直接生成多面视图(3 个视图或者 4 个视图),普遍用于工程图的创建,如图 4-89 所示创建工程图。

4.3　综合实例

综合实例 4.3.1:利用实体的功能绘制如图 4-90 所示的烟灰缸(不必标注尺寸)。

思路分析:创建该实体三维模型前先选好构图面,挤出生成外部形状时先对拔模角测算。这里可利用分析功能中两线夹角的方法得到,再利用不同构图面在顶面中心分别绘制半径为 8mm 的圆,利用挤出实体切割 4 个半圆,最后利用实体倒圆角命令对实体面进行倒圆角操作就可以顺利地创建该造型。

操作步骤如下。

步骤 1:打开 MasterCAM 软件,选定构图面为"俯视图:T",视角为"俯视角:T",构图深度为 Z0,单击主功能表中的"绘图"→"矩形"命令,单击"选项",弹出"选项"对话框。在"选项"对话框中选中"角落倒圆角","半径"值为"20"。再单击菜单中的"一点"命令,绘制一个长为 78mm、宽为 78mm、中心放置在原点的"矩形"。

步骤 2:构图深度设置在 Z10,单击"主菜单"→"绘图"→"矩形"命令,单击"选项",弹出"选项"对话框。在"选项"中选中"角落倒圆角","半径"值为"6"。再单击菜单中"一点"命令,绘制一个长为 48mm、宽为 48mm、中心放置在原点的"矩形"线框,如图 4-91 所示。

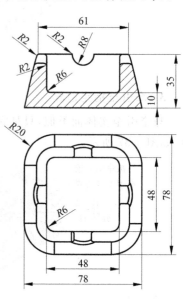

图 4-90　烟灰缸

步骤 3:切换构图面为"前视图:F",视角为"前视角:F",构图深度为 Z0,单击主功能表中"绘图"→"直线"→"水平线"命令,输入 Y 坐标"35"。返回"上层功能表"后单击

"垂直线"。绘制任意一条垂直线,并输入X坐标"30.5"。返回"上层功能表"后单击"垂直线"。绘制任意一条垂直线,并输入X坐标"39"。返回"上层功能表"后单击"任意线段",并捕捉水平线X35与X30.5垂直线的交点后,单击捕捉水平线X0与X39垂直线的交点,得到如图4-92所示线框。

图4-91　两个矩形线框

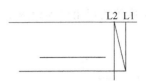

图4-92　绘制出两条线L1和L2

步骤4:单击主功能表中"分析"→"两线夹角"命令,选取"L1"和"L2"后,系统信息栏提示 分析两线夹角:请选择第一条线 夹角:13.650 补角:166.350,选取夹角"13.65","删除"这几条直线。

步骤5:切换构图面为"俯视图:T",视角为"等角视角",单击主功能表中"实体"→"挤出"命令,单击菜单中的"串连"模式,并在图面上选取"长为78mm,宽为78mm的矩形",此时方向向上(如果方向向下就单击菜单中的"反向"命令),再单击"执行"命令,弹出"挤出实体"对话框,此时选中对话框中的"产生实体"项,并在"距离"栏中输入值"35",选中"增加拔模角度","角度"栏中输入值"13.65",如图4-93所示。

步骤6:单击对话框中的"确定"按钮,再单击"执行"命令得到如图4-94所示实体。

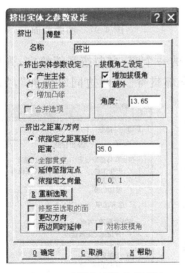

图4-93　"挤出实体"对话框

图4-94　拔模实体

步骤7:单击主菜单中"实体"→"挤出"命令,选取"长为48mm,宽为48mm的矩形",此时其方向向上,弹出对话框,选中"切割主体"、"全部贯穿",如图4-95所示。

步骤8:单击对话框中的"确定"按钮后再单击菜单中的"执行"命令得到如图4-96所示实体。

步骤 9：切换构图面为"前视图：F"，视角为"前视角：F"，构图深度为 Z0，单击主功能表中"绘图"→"圆弧"→"点半径圆"命令，输入半径数值为"8"，捕捉"烟灰缸"顶面"中心"放置该圆。

步骤 10：切换构图面为"侧视图：S"，视角为"侧视角：S"，构图深度为 Z0，主功能表中"绘图"→"圆弧"→"点半径圆"命令，输入半径数值为"8"，捕捉"烟灰缸"顶面"中心"放置该圆，切换等角视角得到如图 4-97 所示截面。

图 4-96 着色切割后的实体

图 4-97 圆弧截面

图 4-95 "挤出实体之参数设定"对话框

步骤 11：单击"实体"→"挤出"命令，选中 R8 的一个圆，方向按系统给定，弹出"挤出实体之参数设定"对话框后，选中"切割主体"、"全部贯穿"、"两边同时延伸"，如图 4-98 所示。

步骤 12：单击对话框中的"确定"按钮后再单击"执行"命令。

步骤 13：单击"实体"→"挤出"命令，选中 R8 的另一个圆，方向按系统给定，弹出"挤出实体之参数设定"对话框后，选中"切割实体"、"全部贯穿"、"两边同时延伸"。

步骤 14：单击对话框中的"确定"按钮，然后单击"执行"命令，得到如图 4-99 所示实体。

步骤 15：单击"实体"→"倒圆角"命令，选取"实体边界为 N，实体面为 Y，实体主体为 N"。单击图 4-99 开口的 8 个顶面后单击"执行"命令，弹出"倒圆角"对话框。在对话框中输入圆角半径值"2"。

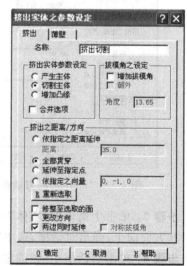

图 4-98 "挤出实体之参数设定"对话框

步骤16：单击"确定"按钮后得到如图 4-100 所示倒圆角后的实体。

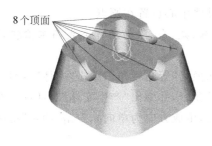

图 4-99　切割后的实体　　　　　　　　　图 4-100　顶面倒圆角

步骤17：单击"实体"→"倒圆角"命令，选取"实体边界为 N，实体面为 Y，实体主体为 N"。选取图 4-99 内部的 1 个底面后单击"执行"命令，弹出"倒圆角"对话框。在对话框中输入圆角半径值"6"。

步骤18：单击"确定"按钮得到如图 4-101 所示完成后的实体。再单击主功能表中的"档案"→"存档"命令，在对话框中命名"烟灰缸"来保存该操作后的结果。

小结：创建该实体的难点在于如何利用已知条件测算出拔模角，其他的创建过程很多是利用挤出的方法，最后再利用实体倒圆角的方法彻底建好的。

图 4-101　完成后的"烟灰缸"

综合实例 4.3.2：利用实体的功能绘制烟灰缸图形（不必标注尺寸），如图 4-102 所示。

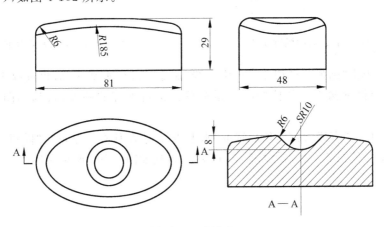

图 4-102　烟灰缸

思路分析：建模之前选好构图面，然后创建二维图形椭圆，之后利用挤出实体方法创建椭圆体，再利用切弧绘制一个 R185 的圆，用两条垂直线和一条水平线连接成一个封闭的截面，再利用挤出实体的方法切割椭圆实体，之后利用基本实体创建一个指定位置的球，其半径为 10，再利用布林运算完成实体的切割，最后利用实体倒圆角完成最终的建模。

操作步骤如下。

步骤1：打开 MasterCAM 软件，选定构图面为"俯视图：T"，视角为"俯视角：T"，构图深度为Z0,单击主功能表中"绘图"→"椭圆"命令,弹出对话框输入X轴半径值为"81/2";Y轴半径值为"48/2",其他设置不变,并将中心放置在原点。

注意:在该软件中输入值的地方可以实现加、减、乘、除的运算公式而不需将计算后的结果输入进输入值对话框中。

步骤2:切换构图面为"俯视图:T",视角切换为"等角视角",单击"实体"→"挤出"命令,选取"椭圆"后,此时方向向上,再单击"执行"命令,并弹出"产生实体"对话框。在对话框中"距离"栏输入值"29"(不设置增加拔模角度,生成方向为单向),单击"确定"按钮得到如图4-103所示实体。

步骤3:切换构图面为"前视图:F",视角为"前视角:F",构图深度为Z0,单击"绘图"→"直线"→"水平线"命令,任意一条贯穿"椭圆实体"的水平线后,输入数值"29"。再单击"垂直线"命令,绘制任意一条贯穿"椭圆实体"的垂直线后,输入数值"-45"回车。再单击"垂直线"命令绘制任意一条贯穿"椭圆实体"的垂直线后,输入数值"0"。再单击"垂直线"命令绘制任意一条贯穿"椭圆实体"后,输入值"45",得到如图4-104所示实体。

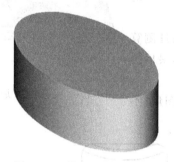
图 4-103 着色后的椭圆实体

图 4-104 画线后的实体

步骤4:单击"圆弧"→"切弧"→"中心线"命令,选取"水平线"后再选取中间的"垂直线",此时系统提示输入半径值"185",鼠标单击保留下方的圆弧,得到如图4-105所示实体。

步骤5:单击"直线"命令,然后选取"水平线"。绘制任意一条贯穿"椭圆实体"的水平线后,输入半径值"45"。修剪并删除多余线条,得到如图4-106所示实体。

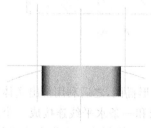
图 4-105 切弧后的图形

图 4-106 切割椭圆实体的截面

步骤6:切换构图面为"俯视图:T",视角为"等角视角",单击"实体"→"挤出"命令,选取"线框"后弹出"挤出实体之参数设定"对话框。选中"切割主体"、"全部贯穿"、"两侧同时延伸"后,再单击对话框中的"确定"按钮,得到切换至等角视角如图 4-107 所示的实体。

步骤 7:切换构图面为"前视图:F",视角为"前视角:F",构图深度为 Z0,单击"实体"→"下一页"→"基本实体"命令,选取"圆球"后,单击"半径"命令并修改圆球的值,此时输入值"10"回车。再单击菜单中的"基准点",并输入坐标值"X0Y29+10-8"后,得到如图 4-108 所示实体。

图 4-107　经切割后的实体

图 4-108　绘制出两个实体

注意:在绘制"圆球"的时候必须切换构图面,否则圆球就不在我们所要的坐标位置。

步骤 8:单击"实体"→"布林运算"→"切割"命令,选取"实体主体"。此时系统提示"请选取目标实体",单击"椭圆实体"。此时系统提示"请选取工件实体",再单击"圆球实体",得到如图 4-109 所示实体。

步骤 9:单击"实体"→"倒圆角"命令,选取"实体边界为 N,实体面为 Y,实体主体为 N"后,单击图 4-109 中的顶面。再单击菜单中的"执行"命令,弹出"倒圆角"对话框,输入圆角半径为"6"。

步骤 10:单击"确定"按钮得到如图 4-110 所示倒圆角后的实体。

图 4-109　布林运算后的实体

图 4-110　顶面倒圆角

本章小结

通过本章的指令介绍和学习,我们对实体的创建和编辑有了新的认识。在实体创建功能的使用中,注意挤出实体的选项里实体产生方式(产生实体、切割实体、增加凸缘)的选取、拔模角度方向的确定、挤出距离的确定、挤出方向的确定;在薄壁实体中,不同方向厚度的确定;在旋转实体创建中注意截面必须是封闭的图形。举升实体的功能使用是集举升和直纹功能为一体的实体创建方式,创建过程与举升曲面创建的方式相似。实体编辑中要想熟练掌握实体倒圆角、布林运算、实体管理员、牵引面等这些功能的灵活使用,不妨多找些例题试试身手。

综合练习

1. 利用实体建模的方法,按尺寸绘制图 4-111(不必标尺寸)。

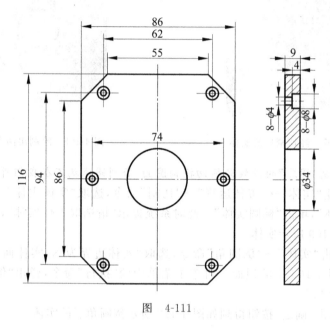

图 4-111

2. 利用实体建模的方法,按尺寸绘制图 4-112(不必标尺寸)。

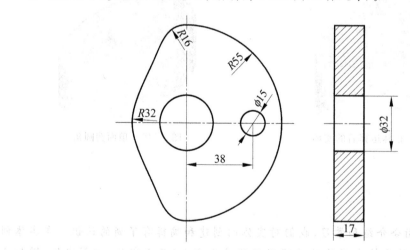

图 4-112

3. 利用实体建模的方法，按尺寸绘制图 4-113（不必标尺寸）。

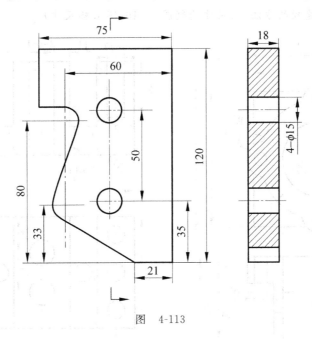

图　4-113

4. 利用实体建模的方法，按尺寸绘制图 4-114（不必标尺寸）。

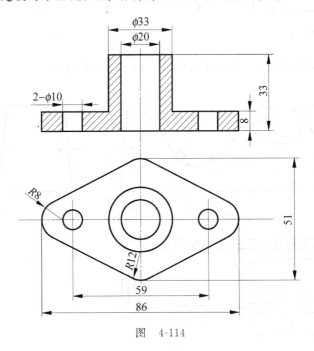

图　4-114

5. 利用实体建模的方法，按尺寸绘制图 4-115（不必标尺寸）。

6. 利用实体建模的方法，按尺寸绘制图 4-116（不必标尺寸）。

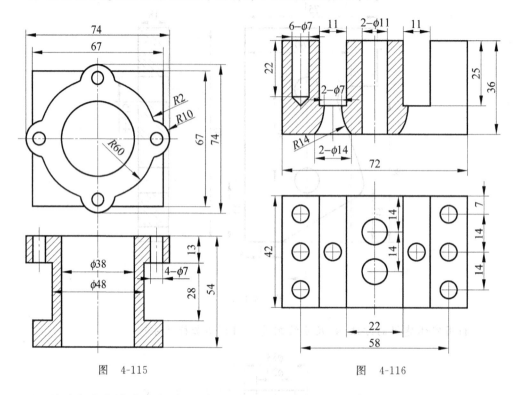

图 4-115　　　　　　　　　图 4-116

7. 利用实体建模的方法，按尺寸绘制图 4-117（不必标尺寸）。

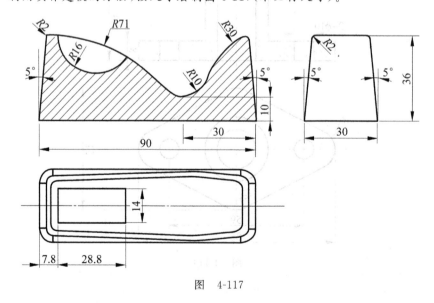

图 4-117

8. 利用实体建模的方法，按尺寸绘制图 4-118（不必标尺寸）。

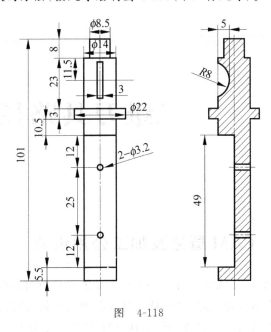

图　4-118

9. 利用实体建模的方法，按尺寸绘制图 4-119（不必标尺寸）。

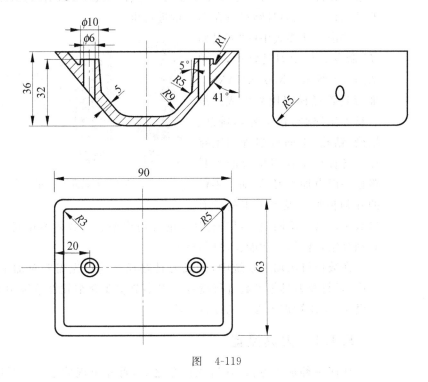

图　4-119

第5章 二维刀具路径

5.1 CAM概述及加工公用设置

MasterCAM 软件的一个重要功能是计算机辅助制造（简称 CAM）功能。在数控加工过程中，被刀具接触到的材料都将被切除，所以加工的关键是刀具的运动轨迹（MasterCAM 中将其称为刀具路径）。MasterCAM 中重点设计了二维刀具路径和三维刀具路径两大类。本章主要讲解二维刀具路径，三维刀具路径将在第6章进行讲解。

单击主功能表中的"刀具路径"命令会显示刀具路径，菜单如图 5-1 所示。MasterCAM 二维刀具路径模组用来生成二维刀具加工路径，包括外形铣削、挖槽、钻孔、平面铣削等加工路径。各种加工模组生成的刀具路径一般由加工刀具、加工零件的几何模型以及各模组的特有

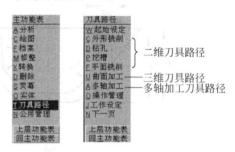

图 5-1 刀具路径菜单命令

参数来定义。不同模组可进行加工的几何模型和参数各不相同。本章将分别介绍各模组的功能及使用方法。

在数控机床加工系统中，生成刀具路径之前首先需要对加工工件的大小、材料及刀具等参数进行设置。本小节主要介绍软件系统中刀具、工作设定、操作管理等参数的设置方法。

5.1.1 刀具设置

任何一种加工方法，在进入命令之后，首先出现的是一个对话框，里面有两个或3个甚至4个选项卡，但第一个选项卡一定是"刀具参数"选项卡。单击主功能表中的"刀具路径"→"外形铣削"命令，然后选择加工的

图素后出现如图 5-2 所示的"刀具参数"选项卡。

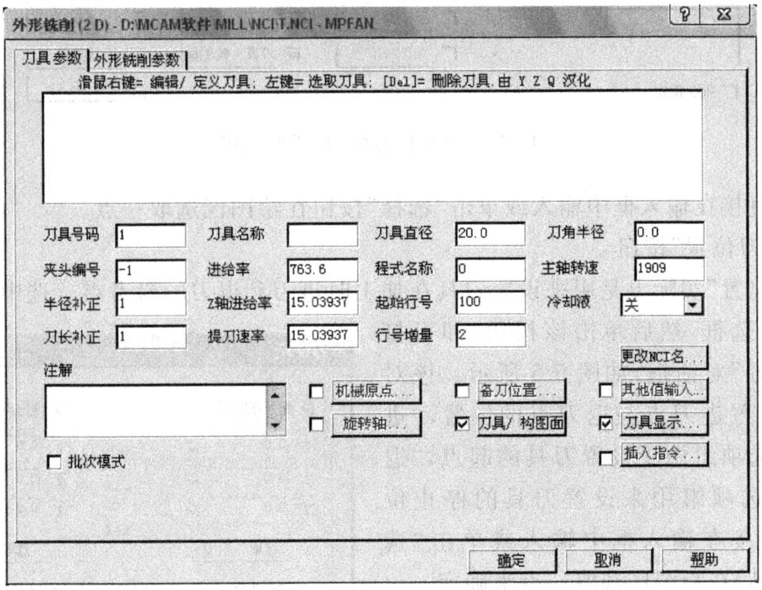

图 5-2 "刀具参数"选项卡

1. 刀具的选择

如果已设置刀具,将在对话框中显示出刀具列表,可以直接在刀具列表中选择已设置的刀具。如列表中没有设置刀具,可在刀具列表(空白区域)中单击鼠标右键,通过快捷菜单来添加新刀具。

在加工过程中不用的刀具可以使用键盘上的 Del 键删除。双击选中的刀具可以对选择好的刀具进行修改。

2. 刀具参数选项卡各个项目的解释

"刀具参数"选项卡中有多个与刀具参数有关的输入框,如图 5-3 所示。当刀具选定后,大部分参数都确定了下来,只要根据实际加工情况输入进给率、Z 轴进给率、提刀速率、刀具转速以及选择冷却液的控制形式等参数即可。

图 5-3 刀具参数输入框

"刀具参数"对话框中也有多个按钮,如图 5-4 所示,下面分别进行简单介绍。

1)"机械原点"按钮

选中"机械原点"按钮前的复选框,单击该按钮,即可打开"机械原点"对话框。该对话框用来设置工件坐标系(G54)的原点位置,其值为工件坐标系原点在机械坐标系中的坐

图 5-4 "刀具参数"对话框按钮

标值,可以直接在输入框中输入或单击"选择"按钮在绘图区选取一点。

2)"备刀位置"按钮

"备刀位置"实际上是用来设置刀具在加工时进刀和退刀的参考点。选中"备刀位置"按钮前的复选框,然后单击该按钮,即可打开"备刀位置"对话框,如图 5-5 所示。该对话框用来设置进刀点与退刀点的位置,"进入点坐标"选项组用于设置刀具的起点,"退出点坐标"选项组用来设置刀具的停止位置。可以直接在输入框中输入或单击"选取"按钮,然后在绘图区选取一点来确定。

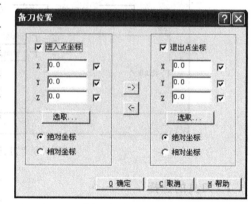

3)其他按钮

选中"刀具/构图面"按钮并单击,可通过弹出的对话框来设置刀具面、构图面或工件坐标系的原点及视图方向。

图 5-5 "备刀位置"对话框

"更改 NCI 名"按钮用于设置生成的 NCI 文件名及其存储位置。

"其他值输入"按钮用来设置后处理器的 10 个整数和 10 个实数杂项值。

"刀具显示"按钮用来设置在生成刀具路径时刀具的显示方式。

"插入指令"按钮用来设置在生成的数控加工程序中插入所选定的控制码。

"旋转轴"按钮一般在铣床中不用设置,只在车床系统中设置。

5.1.2 工作设定

选择主功能表下的"刀具路径"→"工作设定"命令,系统弹出如图 5-6 所示对话框。下面对该对话框中的参数进行介绍。

1)定义工件毛坯尺寸

在 MasterCAM 中铣削工件毛坯的形状一般为立方体,定义工件的尺寸有以下几种方法:

(1)直接在"工作设定"对话框的 X、Y 和 Z 输入框中输入工件毛坯的尺寸。

(2)单击"选取工件范围"按钮 B选取工件范围,在绘图区选取工件的两个角点定义工件毛坯的尺寸。

(3)单击"使用边界盒"按钮 B使用边界盒,在绘图区选取几何对象后,系统根据选取对象的外形来确定工件毛坯的大小。

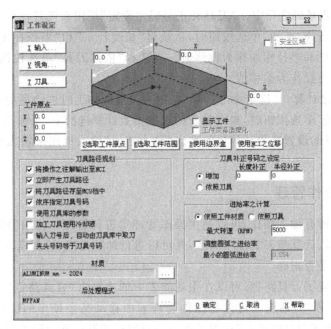

图 5-6 "工作设定"对话框

2) 设置工件原点

在 MasterCAM 中可将工件的原点定义在工件的 10 个特殊位置上，包括 8 个角点及两个面中心点。系统用一个小箭头来指示所选择原点在工件上的位置。将光标移到各个特殊点上，单击鼠标左键即可将该点设置为工件原点。

工件原点的坐标也可以直接在工件原点输入框中输入，也可单击"选取工件原点"按钮 后，在绘图区选取工件的原点。

3) 设置工件材料

单击"材质"项中的 按钮，系统弹出材料窗口，在窗口内单击鼠标右键，在弹出的快捷菜单中可以添加、修改、删除所使用的材料。

4) 设置后置处理程序

单击"后处理程式"项中的 按钮，系统弹出该系统所有的后置处理程序，用户即可对所使用的后置处理程序进行设置。

5) 其他参数设置

下面简单介绍其他参数(选项)的含义。

(1) 工件显示控制。当选中"显示工件"复选框时，屏幕中显示出设置的工件。当选中"工件荧幕适度化"复选框时，工件将以最佳状态显示。

(2) 刀具路径系统规划。选中"将操作之注解输出至 NCI"复选框时，在生成的 NCI 文件中包括操作注解。

选中"立即产生刀具路径"复选框时，在创建新的刀具路径时，立即更新 NCI 文件。

选中"将刀具路径存至 MC9 档中"复选框时，在 MC9 文件中存储刀具路径。

选中"依序指定刀具号码"复选框时，系统自动依序指定刀具号。

(3) 刀具补正号码之设定。"刀具补正号码之设定"栏用来设置在生成刀具路径时的刀具偏移值。当选择"增加"单选按钮时,系统将"长度补正"和"半径补正"输入框中的输入值与刀具的长度和半径相加作为偏移值。当选择"依照刀具"单选按钮时,系统直接使用刀具的长度和直径作为偏移值。

(4) 进给率之计算。"进给率之计算"栏用来设置在加工时进给率的计算方法。当选择"依照工件材质"单选按钮时,根据材质的设置参数计算进给率,当选择"依照刀具"单选按钮时,根据刀具的设置参数计算进给率。"最大转速"输入框用来输入加工时刀具的最大转速。

5.1.3 操作管理

对于零件的所有加工操作,可以使用操作管理器进行管理。使用"操作管理器"对话框可以产生、编辑、计算新刀具加工路径,并可以进行加工模拟、仿真模拟、后处理等操作,以验证刀具路径是否正确。

如果已经生成了刀具路径,可以在主功能表中依次单击"刀具路径"→"操作管理"命令,打开"操作管理"对话框。可以在操作管理器中移动某个操作的位置来改变加工顺序,也可以通过改变刀具路径参数、刀具及与刀具路径关联的几何模型等对原刀具路径进行修改。

如图5-7所示"操作管理"对话框的右边有"全选"、"重新计算"、"刀路模拟"、"实体验证"、"后处理"、"高效加工"、"确定"、"帮助"8个按钮。

"全选"是选中全部的刀具路径;"重新计算"是对各类加工参数进行重新设置后,单击"重新计算"按钮即可生成新的刀具路径;"刀路模拟"是对一个或多个操作进行刀具路径模拟,可以在机床加工前进行检验,提前发现错误。

生成刀具路径后,可以单击"实体验证"按钮,在绘图区中显示出工件和实体验证工具栏,这时可以对选取的操作进行仿真加工

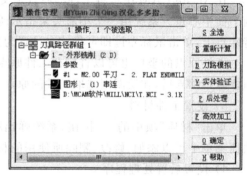

图5-7 "操作管理"对话框

操作;经过模拟加工后,如果对加工比较满意,即可进行后处理。

后处理就是将NCI刀具路径文件翻译成数控NC程序。单击"后处理"按钮,打开"后处理"对话框。用该对话框来设置后处理中的有关参数。用户应根据机床数控系统的类型选择相应的后处理器,系统默认的后处理器为MPFAN.PST(日本FANUC控制器)。

5.2 外形铣削

外形铣削模组可以由工件的外形轮廓产生加工路径,一般用于二维工件轮廓的加工。二维外形铣削刀具路径的切削深度是固定不变的。

外形铣削模组除了要设置所有加工模组共有的刀具参数外,还需设置一组其特有的参数。在"外形铣削(2D)"对话框中单击"外形铣削参数"选项卡,打开"外形铣削参数"选项卡,如图 5-8 所示,可以在该选项卡中设置有关的参数。

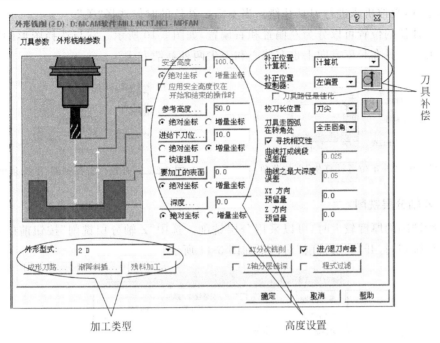

图 5-8 "外形铣削参数"选项卡

1. 加工类型

外形铣削有 4 种加工类型:2D、成形刀路、渐降斜插、残料加工。选择"2D"方式时,整个刀具路径的铣削深度是相同的,其 Z 坐标值为设置的相对铣削深度值。选择"成形刀路"方式时,加工的刀具必须选择成形铣刀,用于倒角时,角度由刀具决定,倒角的宽度可以通过单击"倒角"按钮。在打开的"成形刀路"对话框中进行设置。

"渐降斜插"和"残料加工"这两种加工方式只有二维曲线串连时才有用。

2. 高度设置

铣床加工各模组的参数设置中均包含高度参数的设置。高度参数包括安全高度(Clearance)、参考高度(Retract)、进给下刀位置(Feed Plane)、要加工的表面(Top of stock)和切削深度(Depth)。其中,"安全高度"是指在此高度之上刀具可以作任意水平移动而不会与工件或夹具发生碰撞;"参考高度"为开始下一个刀具路径前刀具回退的位置,参考高度的设置应高于"进给下刀位置";"进给下刀位置"是指当刀具在按工作进给之前快速进给到的高度。"要加工的表面"是指工件上表面的高度值;"深度"是指最后的加工深度(一般为负值)。

3. 刀具补偿

刀具补偿是指将刀具路径从选取的工件加工边界上按指定方向偏移一定的距离。

刀具的补偿类型有"计算机"、"控制"、"颠倒两者"、"关"等几种,如图5-9所示的"补正位置计算机"。选择"计算机"类型,由计算机计算进行刀具补偿后的刀具路径;选择"控制"类型,刀具路径的补偿不在CAM中进行,而在生成的数控程序中产生G41、G42、G40刀补指令,由数控机床进行刀具补偿。当不需要补偿的时候选择"关"。

刀具补偿的位置可以分为左偏置和右偏置,如图5-10所示。它与选择图形的位置和方向有关。刀具在长度方向上也有球心和刀尖两种补偿方式。

图5-9 "补正位置计算机"下拉菜单

图5-10 "补正位置控制器"下拉菜单

4. Z轴分层铣削

一般铣削的厚度较大时,可以采用分层铣削。选中"Z轴分层铣削"按钮前的复选框后单击该按钮,打开"分层铣削"对话框如图5-11所示。

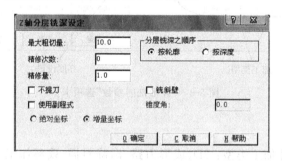
图5-11 "分层铣削"对话框

其中,"最大粗切量"输入框用于输入在粗加工时的最大进刀量。"精修次数"输入框用于输入精加工的次数。"精修量"输入框用于输入在精切削时的最大进刀量。其中"不提刀"复选框用来设置刀具在每一层切削后,是否回到下刀位置的高度。"使用副程式"复选框用来设置在NC文件中是否生成子程序。"分层铣深之顺序"选项组用于设置深度铣削的顺序。

5. XY分次铣削

需要沿XY方向多次铣削时,可以选中"XY分次铣削"按钮前的复选框后单击该按钮,打开"XY分次铣削"对话框如图5-12所示。注意粗铣的间距应为刀具直径的50%到75%,而次数由需要确定。

6. 进/退刀向量

在外形铣削加工中,可以在外形铣削前和完成外形

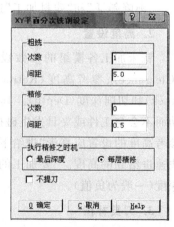
图5-12 "XY分次铣削"对话框

铣削后添加一段进/退刀刀具路径。进/退刀刀具路径由一段直线刀具路径和圆弧刀具路径组成。选中"进/退刀向量"按钮前的复选框后单击该按钮,打开"进/退刀向量"对话框如图5-13所示。根据需要确定直线段和圆弧段的长度。

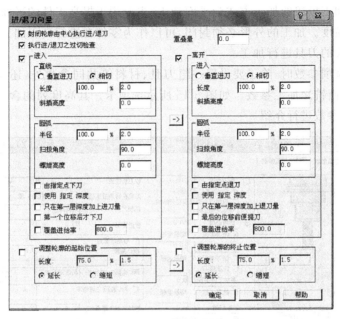

图5-13 "进/退刀向量"对话框

7. 过滤设置

MasterCAM 可以对 NCI 文件进行程序过滤,系统通过清除重复点和不必要的刀具移动路径来优化和简化 NCI 文件。单击"程式过滤"按钮,打开"程式过滤设定"对话框,如图5-14所示。

1) 优化误差

"误差值"输入框用于输入进行操作过滤时的误差值。当刀具路径中某点与直线或圆弧的距离小于等于该误差值时,系统将自动去除到该点的刀具移动。

2) 过滤点数

"过滤点数"输入框用于输入每次过滤时可删除点的最多数值,其取值范围为3~1000。取值越大,过滤速度越大,但优化效果越差。

图5-14 "程式过滤设定"对话框

3) 优化类型

当选中"在 XY(XZ、YZ)方向建立圆弧"复选框时,用圆弧代替直线来调整刀具路径;若未选中该复选框,则在去除刀具路径中的重复点后用直线来调整刀具路径。

5.3 平面铣削

平面铣削加工模组的加工方式为平面加工,主要用于提高工件的平面度、平行度及降低工件表面粗糙度。加工的外形必须封闭,可以作为零件在进行真正加工前的一道工序,一般采用比较大的刀具进行加工。

在设置面铣削参数时,除了要设置一组刀具、材料等共同参数外,还要设置一组其特有的加工参数"面铣之加工参数",如图5-15所示选项卡。其高度列的含义与外形铣削相同,下面对其余参数进行介绍。

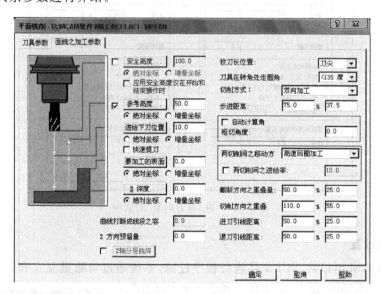

图5-15 "面铣之加工参数"选项卡

5.3.1 切削方式

在进行面铣削加工时,可以根据需要选取不同的铣削方式。可以在"面铣之加工参数"选项卡的"切削方式"下拉列表框中选择5种不同的铣削方式:双向加工、单向—顺铣、单向—逆铣、一层、双向加工。不同的铣削方式生成的刀具路径说明如下。

当选择"双向加工"选项时,刀具在加工过程中可以往复走刀。

当选择"单向—顺铣"选项时,刀具仅沿一个方向走刀,加工过程中刀具旋转方向与刀具移动方向相反,即顺铣。

当选择"单向—逆铣"选项时,刀具也仅沿一个方向走刀,加工过程中刀具旋转方向与刀具移动方向相同,即逆铣。

当选择"一层"选项时,仅进行一次铣削,刀具路径的位置为几何模型的中心位置,这时刀具的直径必须大于铣削工件表面的宽度。

当选择"双向加工"铣削方式时,可以设置刀具在两次铣削间的过渡方式。

在"两切削层之移动方"下拉列表框中,系统给出了3种刀具移动的方式——高速回圈加工、直线单向、直线双向。当选择"高速回圈加工"选项时,刀具按圆弧的方式移动到下一次铣削的起点;当选择"直线单向"选项时,刀具以直线的方式快速移动到下一次铣削的起点(G0 的速度);当选择"直线双向"选项时,刀具以直线的方式移动到下一次铣削的起点(G1 的速度)。

5.3.2 其他参数

在"面铣之加工参数"选项卡右下方有 4 个输入框,它们分别用来设置垂直刀具路径方向的重叠量、沿刀具路径方向的重叠量、进刀引线距离和退刀引线距离。

"步进距离"输入框用于设置两条刀具路径间的距离。但在实际加工中两条刀具路径间的距离一般会小于该设置值。这是因为系统在生成刀具路径时首先计算出铣削的次数,铣削的次数等于铣削宽度除以设置的"步进距离"值后向上取整。实际的刀具路径间距为总铣削宽度除以铣削次数。

5.4 挖槽

挖槽模组主要用来切削沟槽形状或切除封闭外形所包围的材料。用来定义外形的串连可以是封闭串连也可以是不封闭串连。但每个串连必须为共面串连且平行于构图面。在挖槽模组参数设置中加工通用参数与外形加工设置一致,下面仅介绍其特有的挖槽参数和粗/精加工参数的设置。

5.4.1 "挖槽参数"选项卡

单击主功能表中的"刀具路径"→"挖槽"命令,在绘图区中选取需串连的图素后,选择"执行"命令。打开"挖槽"对话框,然后单击"挖槽参数"选项卡,如图 5-16 所示。

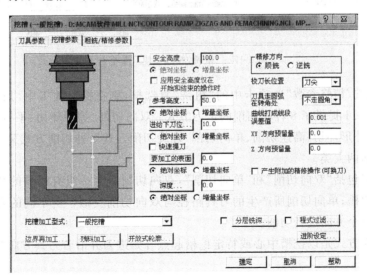

图 5-16 "挖槽"对话框

挖槽模组共有一般挖槽、边界再加工、使用岛屿深度挖槽、残料加工、开放式轮廓挖槽 5 种加工方式。前 4 种加工方式为封闭串连时加工方式。当在选取的串连中有未封闭的串连时,则只能选择"开放式轮廓挖槽"加工方式。

"一般挖槽"加工方式为采用标准的挖槽方式,即仅铣削定义凹槽内的材料,而不会对边界外或岛屿进行铣削;"边界再加工"加工方式,相当于面铣削模组的功能,在加工过程中只保证加工出选择的表面,而不考虑是否会对边界外或岛屿的材料进行铣削;"使用岛屿深度挖槽"加工方式不会对边界外进行铣削,但可以将岛屿铣削至设置的深度;"残料加工"加工方式可进行残料挖槽加工。

5.4.2 粗加工参数

在挖槽加工中加工余量一般比较大,可通过设置粗精加工参数来提高加工精度。在"挖槽"对话框中单击"粗铣/精修参数"选项卡,如图 5-17 所示。

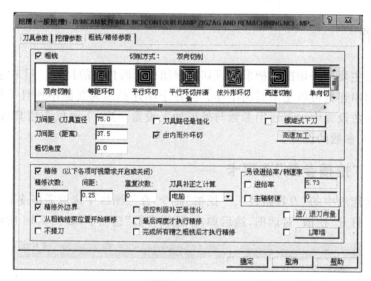

图 5-17 "粗铣/精修参数"选项卡

选中"粗铣/精修参数"选项卡中的"粗铣"复选框,则在挖槽加工中,先进行粗切削。MasterCAM 9.1 提供了 8 种粗切削的走刀方式:双向切削、等距环切、平行环切、平行环切并清角、依外形环切、高速切削、单向切削、螺旋切削。这 8 种切削方式又可分为直线切削及螺旋切削两大类。

直线切削包括"双向切削"和"单向切削",双向切削产生一组有间隔的往复直线刀具路径来切削凹槽;单向切削所产生的刀具路径与双向切削类似。所不同的是单向切削刀具路径按同一个方向进行切削。

螺旋切削方式是以挖槽中心或特定挖槽起点开始进刀并沿着刀具方向螺旋下刀进行切削。

"刀间距(刀具直径)":设置在 X 轴和 Y 轴粗加工之间的切削间距百分率,以刀具直径的百分率计算。

"刀间距(距离)"：该选项是在 X 轴和 Y 轴计算的一个距离，等于切削间距百分率乘以刀具直径。

"粗切角度"：设置双向和单向粗加工刀具路径的起始方向，一般是指与 X 轴正方向的夹角。

"刀具路径最佳化"：为环绕切削内腔、岛屿所提供的优化刀具路径，避免损坏刀具。该选项仅使用双向铣削内腔的刀具路径，并能避免切入刀具绕岛屿的毛坯太深。

"由内而外环切"：用来设置螺旋进刀方式时的挖槽起点。当选中该复选框时，是以凹槽中心或指定挖槽起点开始，螺旋切削至凹槽边界；当未选中该复选框时，则是由挖槽边界外围开始螺旋切削至凹槽中心。

凹槽粗铣加工路径中，可以采用垂直下刀、斜线下刀和螺旋式下刀这三种下刀方式。

采用"垂直下刀"方式时不选"螺旋式下刀"复选框。

采用"斜线下刀"方式时选择"螺旋式下刀"复选框🗹 螺旋式下刀，并单击"螺旋式下刀"按钮，弹出"螺旋/斜插参数"对话框，在该对话框中单击"斜插式下刀"选项卡，如图 5-18 所示，在这里可进行相关参数设置。

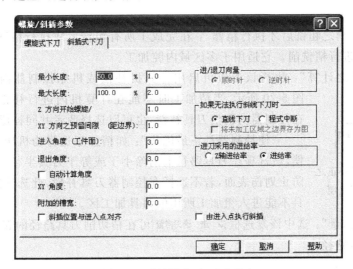

图 5-18 "斜插式下刀"选项卡

采用螺旋式下刀方式时选择"螺旋/斜插参数"对话框的"螺旋式下刀"选项卡，如图 5-19 所示，在这里可进行相关参数设置。

5.4.3 "精修"参数

当选中图 5-17 中"精修"复选框后，系统可执行挖槽精加工，挖槽模组中各主要精加工切削参数含义说明如下。

"精修外边界"：对外边界也进行精铣削，否则仅对岛屿边界进行精铣削。

"从粗铣结束位置开始精修"：在靠近粗铣削结束点位置开始深铣削，否则按选取边界的顺序进行精铣削。

"最后深度才执行精修"：在最后的铣削深度才进行精铣削，否则在所有深度进行精

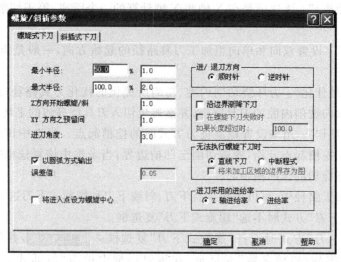

图 5-19 "螺旋式下刀"选项卡

铣削。

"完成所有槽之粗铣后才执行精修":在完成了所有粗铣后才执行精铣削,否则在每一次粗铣后都进行精铣削。它适用于多区域内腔加工。

"刀具补正之计算":执行该参数可启用计算机补偿或机床控制器内刀具补偿,如

图 5-20 "刀具补正之计算"选项

图 5-20 所示,当精加工时不能在计算机内进行补正,该选项允许在控制器内调整刀具补偿,也可以选择两者共同补偿或磨损补偿。

"使控制器补正最优化":如精加工选择为机床控制器刀具补偿,该选项在刀具路径上消除小于或等于刀具半径的圆弧,并帮助防止划伤表面,若不选择在控制器刀具补偿,此选项防止精加工刀具不能进入粗加工所用的刀具加工区。

"进/退刀向量":选中该复选框 ☑ 进/退刀向量 可在精切削刀具路径的起点和终点增加进刀/退刀刀具路径。

5.5 钻孔

钻孔模组主要用于钻孔、镗孔和攻丝等加工。钻孔模组有一组特有的参数设置,几何模型的选取与前面各模组有很大的不同。

5.5.1 点的选择

钻孔模组中使用的定位点为圆心。定位点可以选取绘图区中已有的点,也可以构建一定排列方式的点。单击主功能表中的"刀具路径"→"钻孔"命令,出现"钻孔:增加点"子菜单如图 5-21 所示,该菜单提供多种选取钻孔中心点的方法。

图 5-21 "钻孔:增加点"子菜单

"手动输入":手工方法输入或选取钻孔中心。

"自动选取":顺序选取第一个点、第二个点和最后一个点后,系统将自动选取已存在的一系列点作为钻孔中心。

"图素":将选取的几何对象特征点作为钻孔中心。

"窗选":将两对角点形成的矩形框内包容的点作为钻孔中心点。

"选择上次":采用上一次选取的点及排列方式。

"自动选圆心":将圆或圆弧的圆心作为钻孔中心点。

"图样":该选项有网格和圆周两种安排钻孔中心点的方法,其使用方法与绘制点命令中对应选项相同。

"选项":用来设置钻孔中心点的排序方式,系统提供了 17 种 2D 排序、12 种旋转排序和 16 种交叉断面排序方式。

"关连性操作":实际为调用子程序,如先后用钻、扩、铰加工出一个孔,只是刀具的直径不同,而刀具路径是一样的,这时就可以共用一个刀具路径,也就是可以利用已经有的刀具路径。

5.5.2 钻孔参数

钻孔模组共有 20 种钻孔循环方式,包括 7 种标准方式和 13 种自定义方式。其中常用的 7 种标准钻孔循环方式为:深孔钻 G81/G82(钻孔或镗盲孔,其孔深一般小于三倍的刀具直径)、深孔啄钻 G83(钻深度大于三倍刀具直径的深孔,循环中有快速退刀动作)、断屑式 GT3(钻深度大于三倍刀具直径的深孔)、攻牙 G84(攻左旋内螺纹)、镗孔♯1(用正向进刀→反向退刀方式镗孔,该方法常用于镗盲孔)、镗孔♯2(用正向进刀主轴停止让刀→快速退刀方式镗孔)、精镗孔(用于精镗孔,在孔的底部停转并可以让刀)。

钻孔时一定要注意孔的直径和钻孔深度的关系,当钻孔的钻头太小时,钻的深度不能太大。

5.6 综合实例

5.6.1 外形铣削学习指导

用铣刀在尺寸为 60mm×35mm×20mm 的矩形毛坯上加工出一个 50mm×25mm 矩形槽(4 个角分别倒 5mm 的圆角),槽的深度为 0.5mm,宽度为 2mm。加工效果如图 5-22 所示。

思路分析:从加工的效果图来看,刀具沿着外形进行走刀,整个加工的深度一致,所以选择外形铣削的加工方式。下面对该图形的加工步骤进行讲解。

步骤 1:绘图。在俯视图上绘出如图 5-23 所示 50mm×25mm 的矩形,4 个角都倒半径 5mm 的圆角。

步骤 2:选择"外形铣削"加工方式。单击主功能表中的"刀具路径"→"外形铣削"命令。用串连的方式选取绘出的矩形,然后单击"执行"命令,弹出"外形铣削"对话框。

MasterCAM应用教程

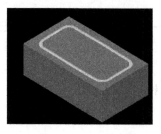

图 5-22　加工的效果图

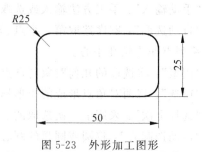

图 5-23　外形加工图形

步骤 3：修改"刀具参数"。在对话框中选中"刀具参数"选项卡,将光标移到空白刀具区位置,单击鼠标右键,弹出快捷菜单。然后单击"从刀具库中选取刀具"命令,从中选择直径为 2mm 的平刀,单击"确定"按钮,即可选定刀具。修改 X、Y 轴进给率为"800.0",Z 轴进给率为"100.0",提刀速率为"1000.0",主轴转速为"2000",如图 5-24 所示。

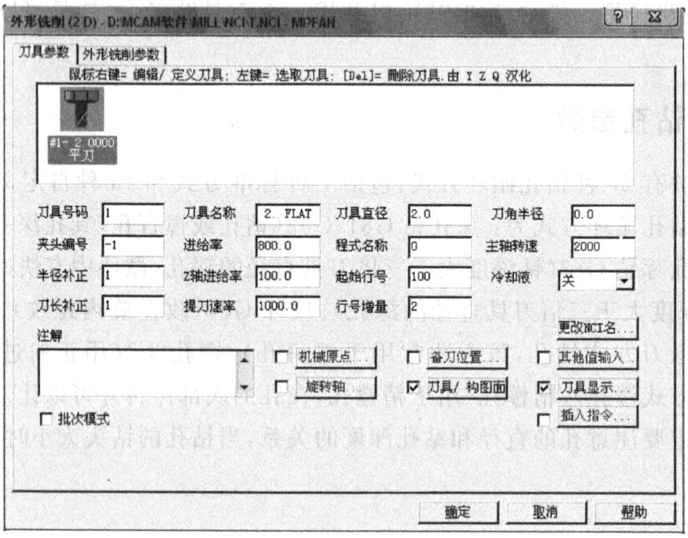

图 5-24　"刀具参数"对话框

步骤 4：修改"外形铣削参数"。选中"外形铣削参数"选项卡,更改"深度"为"－0.5"(注意要为负值)。将"补正位置电脑"选择"关"。不选中"进/退刀向量"复选框(如图 5-25 所示),单击"确定"按钮。

步骤 5：进行"工件设定"。依次单击"刀具路径"→"工作设定"命令,在弹出的对话框(如图 5-26 所示)中修改工件的尺寸为 60.0mm×35.0mm×20.0mm。单击"确定"按钮。

步骤 6：进行实体验证。设定好毛坯后,就可以进行实体验证了。单击"刀具路径"→"操作管理"命令,弹出"操作管理"对话框(如图 5-27 所示),选中"外形铣削",单击"实体验证"按钮,弹出如图 5-28 所示的"实体验证"界面,界面中包含毛坯和播放器,单击播放器的播放按钮"▶"(从左向右的第三个按钮)。实体验证完成后的效果图如图 5-22 所示。

步骤 7：进行后处理。实体验证完成后就可以进行后处理了。关闭实体验证的播放器,退回到"操作管理"对话框,单击"后处理"按钮,弹出如图 5-29 所示"后处理程式"对话

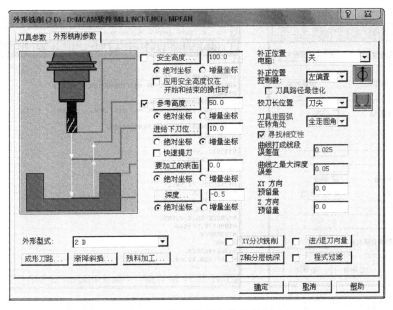

图 5-25 "外形铣削参数"对话框

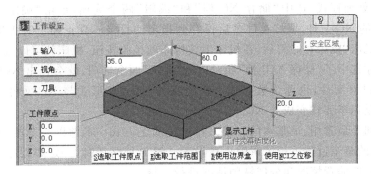

图 5-26 "工作设定"对话框

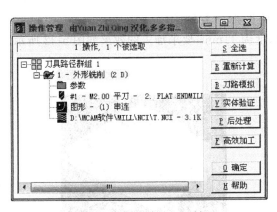

图 5-27 "操作管理"对话框

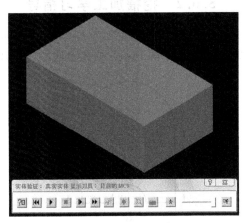

图 5-28 "实体验证"界面

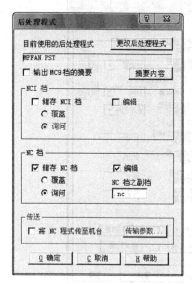

图 5-29 "后处理程式"对话框

图 5-30 NC 文件

框,更改好后处理程式,选中"储存 NC 档"和"编辑"两个选项,单击"确定"按钮。弹出图 5-30 所示的 NC 文件,取好文件名后保存到指定的目录。真正加工时将生成好的 NC 文件发送到机床,机床对好刀后,在机床上按机床的接收按钮,机床就可以进行加工了。

如果刚才选中了"储存 NCI 档"和对应的"编辑"两个选项,就会弹出 NCI 文件。NCI 文件是一种过渡文件,也称为数控加工信息文件,格式和形式与 NC 文件完全不一样,NCI 文件也是迟早要转变成的 NC 文件。

外形铣削是最常用、最基本的二维刀具路径加工方式。本题以一个典型的外形铣削为例,对加工的整个过程进行了讲解。在设置二维刀具路径时,一定要根据加工的需要,合理地对刀具的偏置情况和分层铣削情况进行选择。

5.6.2 挖槽加工学习指导

用挖槽加工方式加工如图 5-31 所示的图形。毛坯的尺寸为 110mm × 130mm × 20mm,图形中两个 $\phi 25$ 的孔为通孔,挖槽深度为 11mm,要求加工的效果如图 5-32 所示。

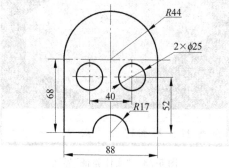

图 5-31 挖槽加工草图

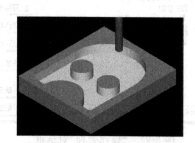

图 5-32 加工的效果

思路分析:从加工效果来看,本题应选用挖槽加工的铣削方式。考虑到加工的深度(11mm)比较深,所以要分层铣削。

步骤1:绘制图形。选择俯视图为"构图面",将R44圆弧的圆心作为绘图的原点。具体的绘制方法见第2章。

步骤2:将图形的中心点移到坐标原点。画好平面草图后,单击主功能表中的"绘图"→"下一页"→"边界盒"命令,弹出"边界盒"对话框,如图5-33所示,单击"确定"按钮。在图形上出现了一个矩形的边界和中心点。

图5-33 "边界盒"对话框

再单击主功能表中的"转换"→"平移"命令,系统提示选择图素,这里选择所有的图素。然后单击"执行"命令,再单击"两点间"命令,选择出现的边界盒的中心点。再选择坐标原点,在弹出的"平移"对话框中选择"移动","次数"栏输入数值为"1",单击"确定"按钮。

删除刚才创建的边界盒(边界盒只是帮我们找到图形的中心,找到后它的任务就完成了)。

步骤3:选择"挖槽"加工方式。单击主功能表中的"刀具路径"→"挖槽"命令。用"窗选"方式选取所有图形,单击图形的任意一个部分,然后单击"执行"命令,弹出"挖槽"对话框。

步骤4:修改"刀具参数"。选中"刀具参数"选项卡,将鼠标移动到空白刀具区位置,单击鼠标右键,弹出快捷菜单。用鼠标左键单击"从刀具库中选取刀具"命令,从中选择直径是8mm的平刀。单击"确定"按钮,即可选定刀具。修改X、Y轴的进给率为"500.0",Z轴进给率为"100.0",提刀速率为"1000.0",主轴转速为"2000",如图5-34所示。

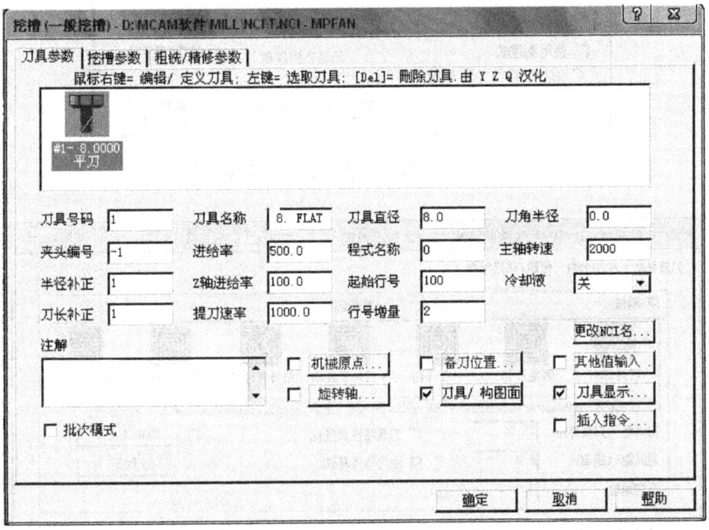

图5-34 "刀具参数"选项卡

步骤5:修改"挖槽参数"。选中"挖槽参数"选项卡,出现图5-35所示对话框,更改"深度"为"-11"(注意要为负值)。由于切削深度较大,需采用分层铣削,选中"分层铣削"复选框 ☑ 分层铣深 ,并单击该按钮,弹出"Z轴分层铣深"对话框如图5-36所示。将"最大粗切深度"改为"2.0","精修次数"改为"1",其余参数不变,单击"确定"按钮。

选中"粗铣/精修参数"选项卡,出现如图5-37所示对话框,接受所有的默认选项,单

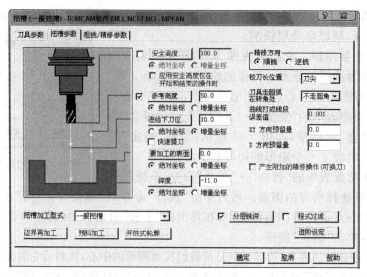

图 5-35 "挖槽参数"选项卡

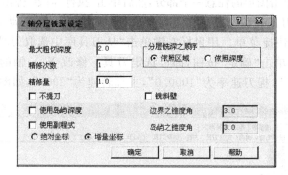

图 5-36 "Z 轴分层铣深"对话框

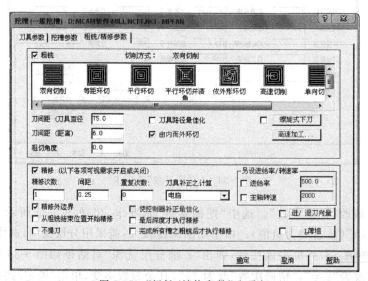

图 5-37 "粗铣/精修参数"选项卡

击"确定"按钮。

步骤 6：进行"工件设定"。依次单击"刀具路径"→"工作设定"命令，在弹出的对话框中修改工件的尺寸为 110mm×130mm×20mm。单击"确定"按钮。

步骤 7：进行实体验证。设定好毛坯后，就可以进行实体验证了。单击"刀具路径"→"操作管理"命令，弹出"操作管理"对话框，在对话框中选中"挖槽"操作，单击"实体验证"按钮。验证后的效果见图 5-32 所示。

步骤 8：后处理。实体验证完成后就可以进行后处理了。关闭实体验证播放器，退回到"操作管理"对话框，单击"后处理"按钮，弹出"后处理程式"对话框，更改好后处理程式，选中"储存 NC 档"和"编辑"两个选项。单击"确定"按钮。弹出 NC 文件，取好文件名后保存到指定的目录。由于刀具在加工过程中做的是回转运动，所以加工图形的拐角处会有与刀具半径相同的倒圆角，这就要求在设计加工图形时尽量能设成圆角的不要设成尖角，选择刀具时半径要越选越小。一定要加工成尖角的，要借助后续的电火花或线切割等特种加工设备。

5.6.3 文字加工学习指导

要求加工的文字如图 5-38 所示，文字字形选用"真实字形"。毛坯为 $\phi 180\text{mm} \times 20\text{mm}$ 的圆柱体。加工的效果如图 5-39 所示。

图 5-38　要加工的文字

图 5-39　加工的效果

分析：文字可以用外形铣削，也可以用挖槽加工。从加工效果图来看，在图 5-39 中，"广东松山职业技术学院"10 个字刀具是沿着文字的边线进行走刀的，所以选择用外形铣削加工方式；中间代表机械系的两个字母"JX"中间部分的体积全部切除，所以选择挖槽加工的加工方式。

1. 用外形铣削加工文字

步骤 1：创建文字。

（1）创建文字的命令。依次单击主功能表中的"绘图"→"下一页"→"文字"命令，弹出如图 5-40 所示的"创建文字"对话框。

（2）选择字形。选择字体后面的 字形... 按钮，接受系统的默认选项（Arial 字形），如

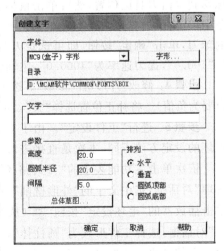

图 5-40　"创建文字"对话框

图 5-41 所示,单击"确定"按钮。

(3) 创建文字。在"文字"框中输入"广东松山职业技术学院",选择排列方式为"圆弧顶部",设置文字的高度为"30.0",圆弧的半径为"50.0",间隔接受默认值"3.4375",如图 5-42 所示,单击"确定"按钮。

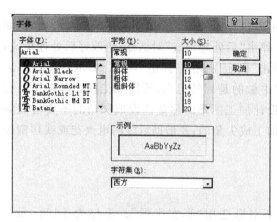

图 5-41 "字体"选择对话框

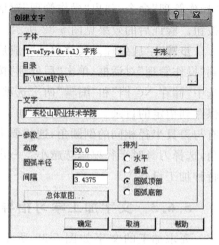

图 5-42 "创建文字"对话框的参数设定

(4) 放置文字。选择坐标原点为文字的放置点。放置后的文字效果如图 5-43 所示。

步骤 2:选择"外形铣削"加工方式。依次单击"刀具路径"→"外形铣削"→"窗选"命令,将所有的文字全部选中。在文字上单击,所有的文字将被选中(文字颜色变成白色),然后单击"执行"命令。弹出"外形铣削"对话框。

步骤 3:修改"刀具参数"。选中"刀具参数"选项卡,将鼠标移到空白刀具区位置,然后单击鼠标右键,在弹出的快捷菜单中单击"从刀具库中选取刀具"命令,从中选择直径是 2mm

图 5-43 文字效果

的球刀,单击"确定"按钮,即可选定刀具。修改 X、Y 轴的进给率为"800.0",Z 轴进给率为"100.0",提刀速率为"1000.0",主轴转速为"2500",如图 5-44 所示。

步骤 4:修改"外形铣削参数"。选中"外形铣削参数"选项卡,更改"深度"为"-0.5"(注意要为负值)。将补正位置选择"关"。不选中"进/退刀向量"复选框,然后单击"确定"。

步骤 5:进行"工件设定"。由于本次设定的毛坯为圆形,设定的方法与前面讲解的矩形坯的设定方法不同,本次是直接进入到实体验证时进行设定的,请务必注意。

依次单击主功能表中的"刀具路径"→"操作管理"命令,弹出如图 5-45 所示的"操作管理"对话框,选中文字的"外形铣削",单击"实体验证"按钮,弹出毛坯和播放器的界面,单击播放器的"毛坯设定"按钮 (从左向右的第一个按钮)。弹出"实体验证之参数设定"对话框,选择工件形式为"圆柱体",设定圆柱的轴向为"Z","圆柱的直径"为"180.0",第一点的 Z 坐标为"-20.0"(圆柱体的底面),第二点的 Z 坐标为"0.0"(圆柱体的最高面)。具体的参数设定如图 5-46 所示。设定好参数后单击"确定"按钮。

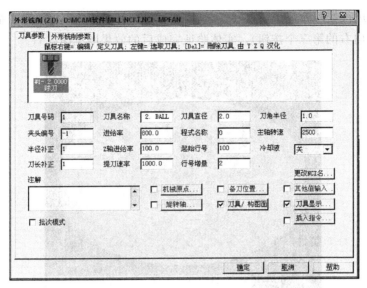

图 5-44 "刀具参数"选项卡

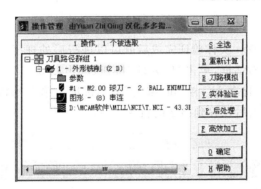

图 5-45 "操作管理"对话框

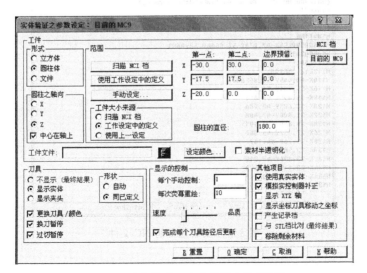

图 5-46 "实体验证之参数设定"对话框

步骤 6：进行实体验证。设定好毛坯后，就可以进行实体验证了。单击播放器的播放按钮▶（从左向右的第三个按钮）。实体验证完成后的效果图见图 5-47。

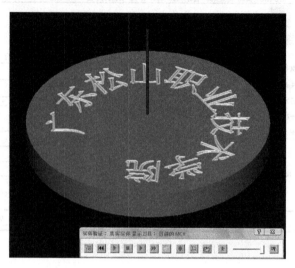

图 5-47 实体验证完成后的效果图

步骤 7：进行后处理。实体验证完成后就可以进行后处理了。关闭实体验证的播放器，退回到"操作管理"对话框，单击"后处理"按钮，弹出图 5-29"后处理程式"对话框，更改好后处理程式，选中"储存 NC 档"和"编辑"两个选项。单击"确定"按钮。弹出图 5-48 的 NC 文件，取好文件名后保存到指定的目录。

图 5-48 文字加工的 NC 文件

2. 用挖槽加工方式加工文字

选用挖槽加工方式加工文字时一定要注意以下几个方面。

(1) 文字要写得足够大,字体要选择空心字。

(2) 刀要选得小些,以保证刀具能够加工到文字的所有空心部分。

步骤1:创建文字。文字的创建方法同外形铣削加工时一样。

在上图文字的中心写上代表机械系的大写字母"JX",文字的高度为"40.0",排列方式为"水平",接受默认间隔,如图 5-49 所示,单击"确定"按钮。文字的定位点是文字的左下角点。如果位置放得不合适,可以用"平移"命令进行调整。

步骤2:选择"挖槽"加工方式。单击主功能表中的"刀具路径"→"挖槽"命令。用"窗选"方式选取"JX"两个字母,单击字母的任意一个部分,然后单击"执行"命令,弹出"挖槽"对话框。

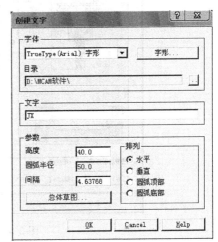

图 5-49 "创建文字"对话框

步骤3:修改"刀具参数"。选中"刀具参数"选项卡,将鼠标移到空白刀具区位置,单击鼠标右键,在弹出的快捷菜单中单击"从刀具库中选取刀具"命令,从中选择直径是 2mm 的球刀,单击"确定"按钮,即可选定刀具。修改 X、Y 轴的进给率为"800.0",Z 轴进给率为"100.0",提刀速率为"1000.0",主轴转速为"2500",如图 5-50 所示。

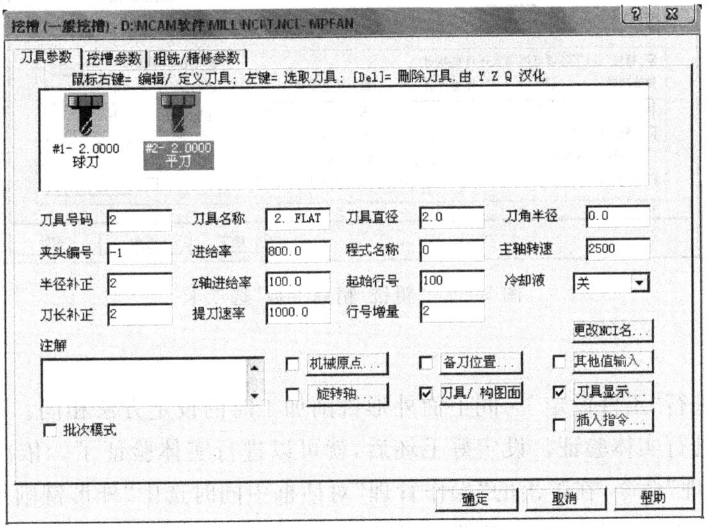

图 5-50 "刀具参数"选项卡

步骤4:修改"挖槽参数"。选中"挖槽参数"选项卡,出现图 5-51 对话框,更改"深度"为"-2.0"(注意要为负值)。接受其余选项,单击"确定"按钮。

选中"粗铣/精修参数"选项卡,出现图 5-52 对话框,接受所有的默认选项,单击"确

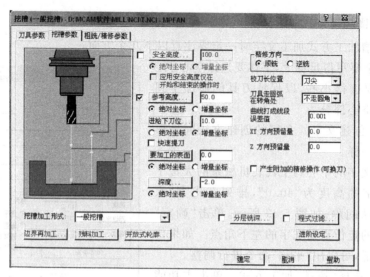

图 5-51 "挖槽参数"选项卡

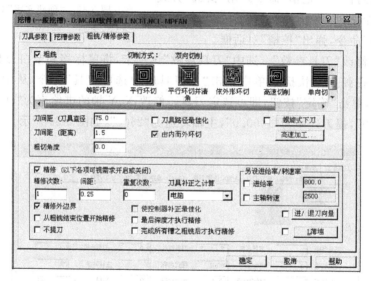

图 5-52 "粗铣/精修参数"选项卡

定"按钮。

步骤 5：进行"工件设定"。同上面外形铣削加工时的设定方法相同。

步骤 6：进行实体验证。设定好毛坯后，就可以进行实体验证了。依次单击"刀具路径"→"操作管理"命令，在弹出的"操作管理"对话框中同时选中"外形铣削加工"和"挖槽"两个操作，然后单击"实体验证"按钮。验证后的效果见图 5-39。

步骤 7：后处理。实体验证完成后就可以进行后处理了。关闭实体验证播放器，退回到"操作管理"对话框，单击"后处理"按钮，弹出"后处理程式"对话框，更改好后处理程式，选中"储存 NC 档"和"编辑"两个选项，然后单击"确定"按钮。弹出 NC 文件，取好文件名后保存到指定的目录。

5.6.4 钻孔加工学习指导

在直径为 100mm,厚度为 30mm 的圆盘上,要加工 4 个均匀分布的通孔(直径为 20mm),其位置分布如图 5-53 所示。

思路分析:要加工 4 个均匀分布的通孔,可以采用挖槽和钻孔两种加工方式。如果用挖槽加工则要选择直径比 20mm 小的刀,而且要反复进行分层铣削,加工的时间较长,加工的效率低。所以考虑到加工的成本和效率我们选择钻孔的加工方式。

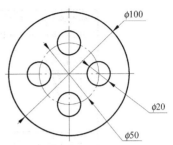

图 5-53 钻孔的外形

步骤 1:创建钻孔图素。钻孔的图素可以是点,也可以圆,由于钻孔后一般还有其他刀具路径(如外形铣削,全圆铣削等),这些刀具路径也要用到圆的外形,所以建议最好用圆作为钻孔的图素。

绘制方法为:将图形的中心放置到坐标原点。在主功能表中依次单击"绘图"→"圆弧"→"点直径圆"命令,输入直径值为"20",输入点坐标为"0,25",按回车键。输入点坐标为"0,-25",按回车键。输入点坐标为"25,0",按回车键。输入点坐标为"-25,0",按回车键。

步骤 2:选择"钻孔"加工方式。依次单击主功能表中的"刀具路径"→"钻孔"命令。选取 4 个圆的圆心,然后单击"执行"命令,弹出"钻孔"对话框。

步骤 3:修改"刀具参数"。选中"刀具参数"选项卡,将鼠标移动到空白刀具区位置,单击鼠标右键,在弹出的快捷菜单中单击"从刀具库中选取刀具"命令,从中选择直径是 20mm 的钻头(孔是多大,钻头就要选多大)。单击"确定"按钮,即可选定刀具。修改进给率为"200.0",主轴转速为"600",如图 5-54 所示。

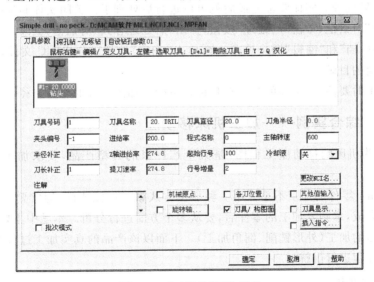

图 5-54 "刀具参数"选项卡

步骤 4：修改"参数"。选中"深钻孔—无啄钻参数"选项卡，出现图 5-55 对话框，更改"深度"为"-37.0"(深度为钻头最低点要达到的坐标值，若填写-30，则该孔钻不通)。接受其余选项，单击"确定"按钮。

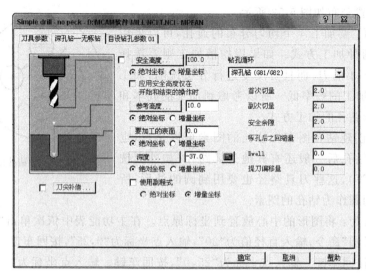

图 5-55 "钻孔参数"选项卡

步骤 5：进行"工件设定"。由于本学习指导中有的坯料是圆形坯料，设定方法与 5.6.3 小节 1.用外形铣削加工文字的步骤 5 相同。

步骤 6：进行实体验证。设定好毛坯后，就可以进行实体验证了。单击"刀具路径"→"操作管理"命令，弹出"操作管理"对话框，在对话框中选中"钻孔"操作，然后单击"实体验证"按钮。完成实体验证。

步骤 7：后处理。实体验证完成后就可以进行后处理了。关闭实体验证播放器，退回到"操作管理"对话框，单击"后处理"按钮，弹出"后处理程式"对话框，更改好后处理程式，选中"储存 NC 档"和"编辑"两个选项。再单击"确定"按钮。弹出 NC 文件，取好文件名后保存到指定的目录。

真正加工时要注意，毛坯的装夹夹具位置不能与加工零件的刀具路径发生干涉现象。

5.6.5 综合实例——加工机床移动座

图 5-56 为机床的移动座工程图，是某生产厂家的典型产品，要求加工的效果图见图 5-57。

思路分析：零件的加工不是采用一种加工方式就可以完成的，通常要采用几种甚至几十种才能完成，拿到要加工的零件后，要从多个方面进行分析。本题中主要有孔的加工（钻、镗），外形的加工（外形铣削、倒角加工）。下面以该产品的真实加工过程为例，对零件的二维加工过程进行讲解。

1. 毛坯的准备

毛坯的选择要恰当，太大会浪费材料和加工时间，太小则有可能不能将零件全部加工

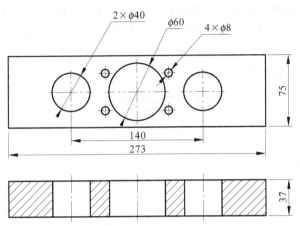

注意：4个 φ8的小孔为通孔,其中心在 67×39 的矩形上

图 5-56　机床移动座工程图

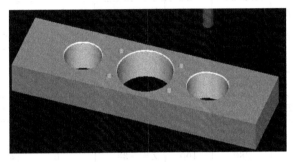

图 5-57　加工的效果图

出来。本例中选择 273mm×75mm×37mm(XYZ)的毛坯。

2. 刀具选择

根据图形的具体尺寸(特别是孔的尺寸)、现有的刀具情况以及加工方式来选择刀具。这里选择 9 把刀,如表 5-1 所示。

表 5-1　选用的刀具规格

刀号	类型	直径/mm	刀号	类型	直径/mm
1	钻头	φ45	6	平刀	φ12
2	点钻	φ5	7	镗刀	φ40
3	点钻	φ8	8	镗刀	φ60
4	钻头	φ34	9	倒角刀	φ12
5	平刀	φ22			

3. 加工步骤及加工参数设定

加工方式的选择非常关键,它关系到加工质量和加工效率,正确的选用加工方式是编程人员必须考虑的问题。本例中主要选用外形铣削和钻孔的加工方法。考虑到移动座的实际工作状态,移动座的左右两边都要用外形铣削加工,孔的直径尺寸大小不一致,钻孔时要采用不同的钻孔方式。选择构图面为俯视图,绘出图5-56的上图作为加工的图素。加工方法以及对整个零件制定的加工工艺如表5-2所示。

表5-2 移动座的加工工艺

加工次序	刀具号码	加工方法	主轴转速（转/分）	主轴进给率	加工深度	预留量	加工图素
1	5号刀	外形铣削	420	500	Z=-37.5	XY方向0.5	两条长度75mm的边
2	6号刀	外形铣削	1800	800	Z=-38	0	同上
3	6号刀	外形铣削	2000	1000	Z=-38	0	同上
4	4号刀	钻孔	1100	100	Z=-40	0	2×φ40的圆心
5	1号刀	钻孔	800	80	Z=-40	0	φ60的圆心
6	5号刀	外形铣削	420	500	Z=-37.5	XY方向0.5	2×φ40的圆
7	5号刀	外形铣削	420	500	Z=-37.5	XY方向0.5	φ60的圆
8	2号刀	钻孔	1500	200	Z=-3	0	4×φ8的圆心
9	2号刀	钻孔	800	100	Z=-45	0	4×φ8的圆心
10	6号刀	外形铣削	1800	800	Z=-38	0	2×φ40的圆和φ60的圆
11	7号刀	镗孔	380	100	Z=-38	0	2×φ40的圆心
12	8号刀	镗孔	380	100	Z=-38	0	φ60的圆心
13	9号刀	外形铣削(2D成形)	1800	800	倒角宽度1	0	2×φ40的圆和φ60的圆

表5-2中的加工参数取的是经验值,实际加工过程中也可以进行微调。从整个加工工艺卡可以看出,本机床的移动座的整个加工分为13个步骤,每一步的加工方式、加工的图素和加工参数都一一列出。

4. 实体验证及后处理

如果操作的是数控铣床(没有刀库),那就必须对每一个加工刀具路径都要进行后处理,得到13个后处理的NC文件,再依次传输到机床进行加工。

如果操作的是加工中心,可以将9把要用的刀具按编号安装到刀库中,然后将所有刀具路径后处理得到一个完整的后处理NC文件。

5. 制定加工程序卡

加工程序卡是整个加工过程的工艺文件。操作者必须遵守所有的技术参数和装夹方法,表5-3是用数控铣床加工本移动座的加工程序单。

表 5-3 数控加工程序单

数控加工程序单					
模具编号：YDZ10 图纸编号：YDZ10-A	工件名称：YDZ10 移动座	编程人员：XXX 编程时间：2008.10.10	操作者：XXX 开始时间：2008.10.12 完工时间：2008.10.13	检验：XXX 检验时间：XXX	文件档名：D:\加工零件\YDZ10-A.MC9
序号	程序号	加工方式	刀具	切削深度	理论加工进给率	备注

序号	程序号	加工方式	刀具	切削深度	理论加工进给率	备注
1	YDZ1.NC	外形铣削	φ22（平）	Z=－37.5	500	开粗
2	YDZ2.NC	外形铣削	φ12（平）	Z=－38	800	半精加工
3	YDZ3.NC	外形铣削	φ12（平）	Z=－38	1000	精加工
4	YDZ4.NC	钻孔	φ34 钻头	Z=－40	100	开粗
5	YDZ5.NC	钻孔	φ45 钻头	Z=－40	80	开粗
6	YDZ6.NC	外形铣削	φ22（平）	Z=－37.5	500	半精加工
7	YDZ7.NC	外形铣削	φ22（平）	Z=－37.5	500	半精加工
8	YDZ8.NC	钻孔	φ5 钻头	Z=－3	200	开粗
9	YDZ9.NC	钻孔	φ8 钻头	Z=－45	100	精加工
10	YDZ10.NC	外形铣削	φ12（平）	Z=－38	800	半精加工
11	YDZ11.NC	镗孔	φ40 镗刀	Z=－38	100	精加工
12	YDZ12.NC	镗孔	φ60 镗刀	Z=－38	100	精加工
13	YDZ13.NC	外形铣削	φ12mm（成形刀）	倒角宽度 1	500	精加工

装夹示意图：

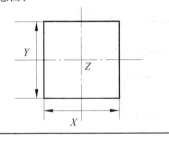

1. 工件用虎钳装夹，摆放方向如左图；要保证工件要加工的两个短边露出钳口的外部
2. 顶面高出钳口至少 20mm
3. X、Y 分中，Z——工件顶面为零点

小结：本例中以实际生产的典型零件为例，主要对加工路线、加工方法、加工参数进行了讲解，而真正的加工不是一步两步能够完成的，也不是一两天就能够掌握的。因此现在要做的是能对各种加工的刀具路径的适用场合、刀具的选择有详细的了解。对于合理的工艺参数只能在以后的具体实践中再体会。

本章小结

所谓二维加工，就是在切削动作过程中，刀具的高度方向位置不再发生变化，工件只是在 XY 平面内移动,使刀具不断切削材料(钻孔只在 Z 方向上进行切削)。本章主要讲解了 4 种二维刀具路径,重点对外形铣削和挖槽加工进行了讲解,每一种加工方法都配有相应的实例进行分步骤讲解。希望读者能通过本章的学习,掌握各种加工方法的优缺点及适用场合,并可以灵活运用。最后一个例题是实际生产的综合实例,希望大家能通过这个例题了解实际生产中的具体加工工艺和加工方法。

综合练习

1. 要求用外形铣削加工图 5-58 的外轮廓,用挖槽加工方式加工中间的通孔,并选择合适的毛坯尺寸。

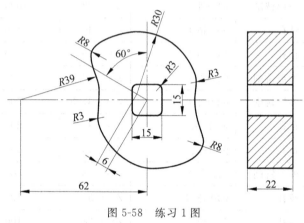

图 5-58 练习 1 图

2. 要求用外形铣削加工图 5-59 的外轮廓以及上下边线的倒角。毛坯尺寸为 100mm×18mm×14mm 的矩形。

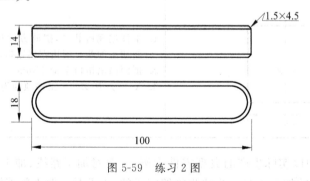

图 5-59 练习 2 图

3. 已知毛坯为 90mm×90mm×20mm 的矩形。要求选用合适的刀具路径加工图 5-60 所示的图形。

4. 已知毛坯为 φ110mm×17mm 的圆形坯料。要求选用合适的刀具路径加工图 5-61 所示的图形。

5. 已知毛坯为 120mm×75mm×18mm 矩形坯料。要求选用合适的刀具路径加工图 5-62 所示的图形。

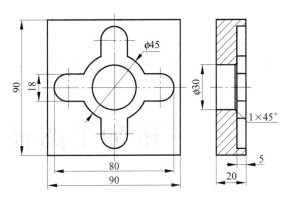

图 5-60　练习 3 图

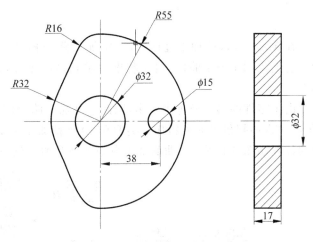

图 5-61　练习 4 图

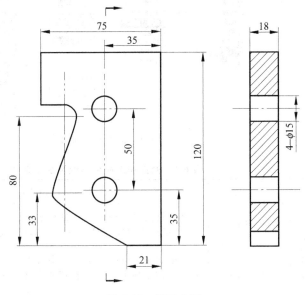

图 5-62　练习 5 图

第6章 三维加工路径

在MasterCAM加工过程中,三维加工路径相对二维加工路径较复杂。它主要用于加工曲面,对于精度要求较高的零件通常需要进行粗精加工。

由于零件的形状及种类较多,因此三维加工路径的加工类型也较多。MasterCAM提供了8种粗加工类型和10种精加工类型。加工类型及命令的位置如图6-1所示。曲面加工命令类型及加工范围如表6-1所示。

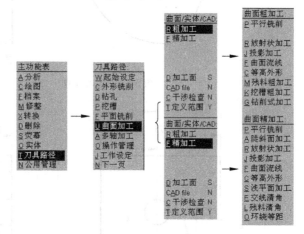

图6-1 曲面加工命令位置

表6-1 曲面加工命令类型及加工范围

类型	名 称	加工范围
粗加工刀具路径	平行铣削	平行铣削是一种常用的加工方法,适合各种形状的零件加工,生成的刀具路径是一组与X轴成一定角度的平行路径
	放射状加工	放射状是指围绕一个旋转中心点(人为指定)向外放射状发散。该粗加工适合对称或近似对称的表面,特别是回转表面

续表

类型	名称	加工范围
粗加工刀具路径	投影加工	投影加工主要是将已有的刀具路径或几何图形投影到曲面上生成粗加工刀具路径
	曲面流线	此加工方法能沿着曲面的流线方向生成刀具路径
	等高外形	等高外形加工是指用刀具一层一层切除多余的毛坯,主要适用于外形基本成形或一些铸件的加工
	残料粗加工	主要用于去除前一刀具路径加工后所剩余残料的加工路径
	挖槽粗加工	挖槽粗加工可以根据曲面形态自动选取不同的刀具运动轨迹来去除材料
	钻削式粗加工	该加工方法主要是依曲面形态,在 Z 方向下降生成粗加工刀具路径
精加工刀具路径	平行铣削	生成一组按特定角度相互平行的切削精加工刀具路径
	陡斜面加工	生成用于清除曲面斜坡上残留材料的精加工刀具路径
	放射状加工	生成放射状的精加工路径
	投影加工	将已有的刀具路径或几何图形投影到曲面上生成精加工刀具路径
	曲面流线	沿曲面流线方向生成精加工刀具路径
	等高外形	沿曲面的等高线生成精加工刀具路径
	浅平面加工	用于清除曲面粗加工后浅平面部分残留材料的精加工路径
	交线清角	用于清除曲面间交角部分残留材料的精加工路径
	残料清角	用于清除因使用较大直径刀具加工后所残留材料的精加工路径
	环绕等距	与流线加工类似,生成一组在三维方向等距环绕工件曲面的精加工路径

6.1 概述及共同参数的设置

本系统粗加工共设置了 8 种加工方式,见图 6-1,加工参数分为共同参数和专用参数两种,共同参数是各种加工都要输入的带有共性的参数,专用参数是每一铣削方式独有的专用模组参数。无论用 8 种曲面粗加工方式中的哪一种,对话框中的前两个选项卡都是相同的,在此将这两个选项卡中的参数称为共同参数。

6.1.1 刀具参数

在主功能表中顺序选择刀具路径选项,在绘图区中采用串连方式对几何模型串连后单击"执行"命令。系统打开如图 6-2 所示对话框。每种加工模组都需要设置一组刀具参数。如果已设置刀具,将在对话框中显示出刀具列表,可以直接在刀具列表中选择已设置的刀具。如列表中没有设置刀具,可在刀具列表中单击鼠标右键,通过快捷菜单来添加新刀具。

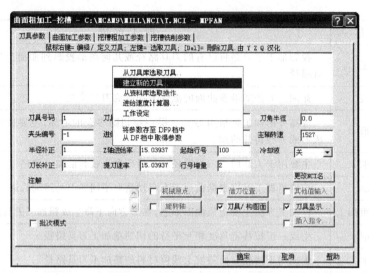

图 6-2 "刀具参数"选项卡

1. "机械原点"按钮

选中"机械原点"按钮前的复选框,单击"机械原点"按钮,即可打开"机械原点"对话框,如图 6-3 所示。该对话框用来设置工件坐标系(G54)的原点位置,其值为工件坐标系原点在机械坐标系中的坐标值,可以直接在输入框中输入或单击"选取"按钮在绘图区中选取一点。

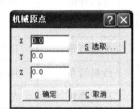

图 6-3 "机械原点"对话框

2. "备刀位置"按钮

选中"备刀位置"按钮前的复选框,单击"备刀位置"按钮即可打开"备刀位置"对话框,如图 6-4 所示。该对话框用来设置进刀点与退刀点的位置,"进入点坐标"选项组用于设置刀具的起点,"退出点坐标"选项组用来设置刀具的停止位置。位置可以直接在输入框中输入或单击"选取"按钮,然后在绘图区中即可选取一点。

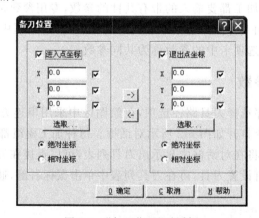

图 6-4 "备刀位置"对话框

3. 其他按钮

(1) 单击"刀具参数"选项卡中的"刀具/构面图"按钮,可打开"刀具面/构图面"对话框(如图 6-5 所示),它可用来设置刀具面、构图面或工件坐标系的原点及视图方向。

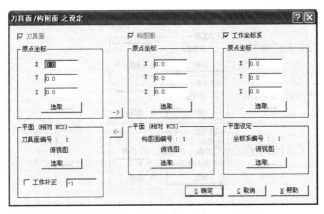

图 6-5 "刀具面/构图面之设定"对话框

(2) "更改 NCI 名"按钮用于设置生成的 NCI 文件名及其存储位置。

(3) "其他值输入"按钮,可通过"实体特征"对话框来设置后处理器的 10 个整数和 10 个实数杂项值。

(4) "刀具显示"按钮,可通过"刀具显示设定"对话框来设置在生成刀具路径时刀具的显示方式。

(5) "插入指令"按钮,可通过"插入控制码-MPFAN"对话框来设置在生成的数控加工程序中插入所选定的控制码。

6.1.2 曲面加工参数

图 6-6 "曲面加工参数"选项卡左侧选项与二维加工相比较,只是少了切削深度这一项,

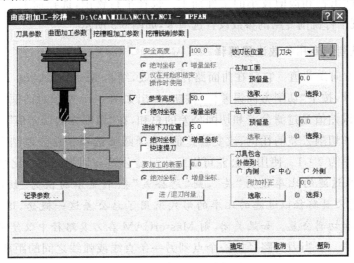

图 6-6 "曲面加工参数"选项卡

这是因为在选择加工表面后,系统就"知道"曲面上各点准确的加工位置,并且会进行准确的控制。(其他的高度选择可参考第 5 章。)

这里重点介绍右边的选项,如图 6-7 所示。

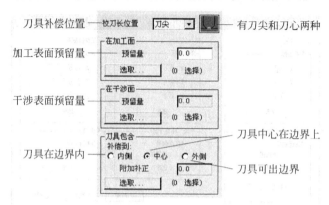

图 6-7 "曲面加工参数"右侧选项卡

6.2 曲面粗加工方式

加工零件时根据所加工零件的加工精度不同,加工阶段可划分为粗加工、半精加工、精加工。而粗加工的主要目的是提高生产率,也就是去除大部分的材料,使毛坯的尺寸、形状接近零件。曲面粗加工方式如图 6-8 所示。

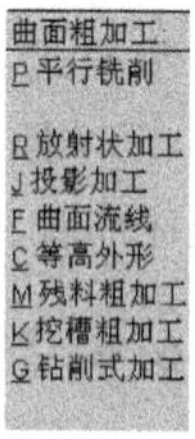

6.2.1 平行铣削加工

这是一种常用的加工方法,适合各种形态的曲面加工。生成的是一组与 X 轴同向或倾斜一定角度的、而且切削痕迹平行的刀具路径,适用于工件形状中凸出物和沟槽较小的工件加工。选择平行铣削,选择加工曲面后,将出现平行铣削专用的参数设置选项卡,如图 6-9 所示。

图 6-8 曲面粗加工方式

1. 平行铣削的专用参数设置解释

(1) 切削方向误差值。它仅在曲面路径中有效,结合 MasterCAM9.1 中的过滤公差和切削公差两项,按下"切削方向误差值"按钮,弹出如图 6-10 所示对话框,可进行设置。

切削方向误差值是过滤公差和切削公差的总和,在"切削方向误差值"对话框中,可以调整过滤公差和切削公差的比例、改变公差值、选择圆弧选项。总公差结合了这些公差,通常过滤的比率为 2∶1。使用总公差可以防止过滤公差与切削公差之比过大或过小。

注意:如果过滤的比率设为"关",则"总公差"框中显示的值为"切削公差"的值。MasterCAM 对刀具路径以过滤的比率的形式采用了总公差这一概念,这一比率自动地用于过滤公差和切削公差。如果关闭,则 MasterCAM 在刀具路径中仅使用切削公差。

过滤的比率——当刀具路径中一个点到另一条直线或弧线之间的距离小于或等于设定的公差值时,MasterCAM 将该处两段刀具路径视为重复,可以自动地从刀具路径中取

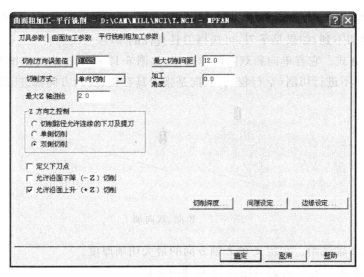

图 6-9 "平行铣削粗加工参数"选项卡

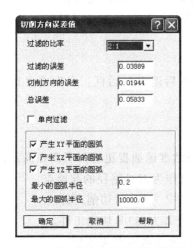

图 6-10 "切削方向误差值"对话框

图 6-11 "最大切削间距"对话框

消其中一段刀具运动,按此方法对整个刀具路径进行精简优化,这个过程称为过滤。

切削公差——切削公差决定了曲面加工刀具路径的精度,显然,其值越小,意味着刀具路径和真实曲线、曲面或实体表面之间的距离越近,即刀具前进的路径越接近真实的曲线、曲面或实体表面,当然,这样做的代价是加工时间加长、NC 程序也更长。

设置过滤——当过滤一个刀具路径时,MasterCAM 将距离小于或等于设定值的两个刀具路径合二为一,用一条直线路径代替,也可以随意地用半径在设定的最大值和最小值之间的圆弧运动,这取决于使用机器的后处理能力,在 NC 代码中通常用 G17、G18、G19 来控制不同平面上的圆弧。

注意:因为在创建曲面刀具路径时即可设置圆弧过滤,所以不必再在数控过滤器中设置,或者在操作管理中选择过滤器进行过滤设置。

(2)最大切削间距。单击"最大切削间距"按钮,弹出如图 6-11 所示对话框,"最大切削间距"指相邻的两条切削路径之间的最大距离。显然它应该比刀具直径小，否则中间会有一部分材料切不到，如果是平刀，可选择刀具直径的50%～75%。

(3) 切削方式。它有单向和双向两个选项，如图6-12所示。单向是指刀具沿一个方向切削，反方向不进行切削（空行程）。双向是指刀具在正、反两方向都进行切削。

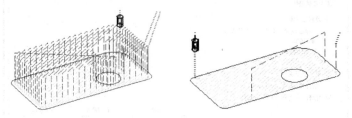

图6-12　单向、双向加工

(4) 最大Z轴进给。它定义在Z轴方向的最大切削厚度。

(5) 加工角度。它是指刀具路径与X轴的夹角。

(6) Z方向之控制（下刀控制）。它有三个单选项（三个里面只能选其一）：

- 切削路径允许连续的下刀及提刀——可顺着曲面的起伏连续下刀和提刀。
- 单侧切削——只沿曲面的一侧下刀和提刀。
- 双侧切削——可沿曲面的两侧下刀和提刀。

(7) 定义下刀点。若选择此项，则在设置好参数后退出对话框。在生成刀具路径之前会出现如下提示：

输入一个大致的开始点

之所以是大致的点，说明可以不必准确捕捉（当然准确捕捉更好），只需在满意的位置附近单击，系统可以自动地捕捉到离选择最近的角点作为刀具路径的起始点。

(8) 允许沿面下降（−Z）切削。刀具只在下降（−Z方向）时切削工件。

(9) 允许沿面上升（+Z）切削。刀具只在上升（+Z方向）时切削工件。

注意：要想使刀具在上升和下降时都切到工件，则上两项都要选中。

(10) 切削深度设定（背吃刀量参数设定）。单击"切削深度设定"按钮，打开"切削深度设定"对话框，如图6-13所示，本对话框中有些项目要在特定的加工方式下才有效。

(11) 间隙设定。连续的曲面上有缺口或断开的地方，或者两曲面之间相隔很近，都可视为间隙。单击"间隙设定"按钮，打开对话框（如图6-14所示），该对话框用来设定刀具在跨越不同间隙时的各种运动方式，其中几个项目解释如下。

- 切削顺序最佳化——刀具先在一个区域进行加工，直至该区域加工完毕，才移动到另一个区域进行加工。
- 刀具中心沿着边界移动——边界之外有间隙，而间隙自找情况可能未明确，选择此项，可以确保刀具中心在边界上而不出界。
- 检查提刀时之过切情形——发生过切（切得过深，或刀具甚至夹头碰撞工件）时，能自动识别，并调整刀具路径以避免过切。

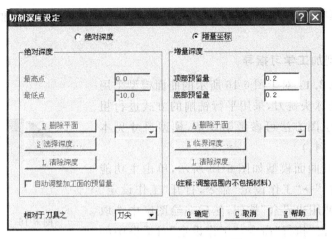

图 6-13 "切削深度设定"对话框

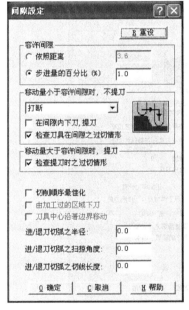

图 6-14 "间隙设定"对话框

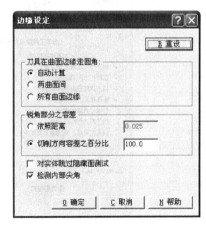

图 6-15 "边缘设定"对话框

- 进/退刀切弧之半径、扫掠角度、切线长度——在曲面的边界处进刀或退刀时,采用圆弧进刀的方式,即经过一段引导圆弧路径(可能还加一段直线路径)后才切入曲面上。总之,它是为了刀具切入工件不至于太突然,这对保护刀具是有利的。

(12)边缘设定。单击"边缘设定"按钮,打开"边缘设定"对话框,它用于设置刀具在曲面边缘处的运动方式,如图 6-15 所示。

两曲面间是指由系统根据情况自行确定是否走圆角。如果定义了刀具切削边界,则在所有边界走圆弧;如果没有定义刀具切削边界,则只在曲面相交处走圆弧。

注意:对等高外形加工和投影加工,即使没有定义刀具切削边界,也会在所有边界走圆弧。

在该对话框中，锐角部分之容差指刀具在走圆弧时移动量的误差。值越大，生成的锐角越平缓。

2. 平行铣削加工学习指导

练习指导 6.2.1：对于图 6-16 所示的曲面模型采用直径为 10mm 的球头铣刀，采用平行铣削的方式进行粗加工。（具体的绘图方法可参考第 3 章，模型尺寸见本章 6.5 节综合实例。）

步骤 1：打开曲面模型如图 6-16 所示，单击主功能表中的"刀具路径"→"工作设定"命令，打开"工作设定"对话框。单击"使用边界盒"按钮，然后在绘图区中选取所有的曲面后单击"执行"命令，"工作设定"对话框中的参数如图 6-17 所示。

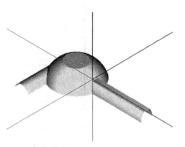

图 6-16 曲面模型 1

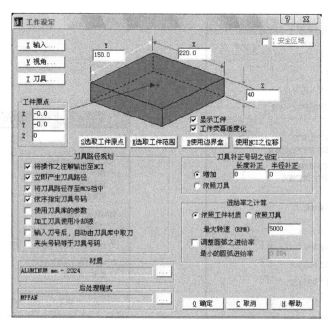

图 6-17 "工作设定"对话框中的参数设定

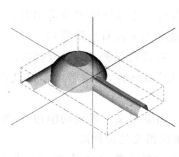

图 6-18 边缘设定已设定图形

步骤 2：选中"工作设定"对话框中的"显示工件"项，然后单击"确定"按钮，工件的外形如图 6-18 所示。

步骤 3：单击主功能表中的"刀具路径"→"曲面加工"→"粗加工"→"平行铣削"→"凸"命令。这时要求选择加工的曲面。

步骤 4：在打开的主功能表中选取子菜单中的"所有的曲面"命令。

步骤 5：系统打开如图 6-19 所示的"曲面粗加工—平行铣削"对话框，在刀具列表中单击鼠标右键，在弹出的快捷菜单中单击"从刀具库选取刀具"命令。

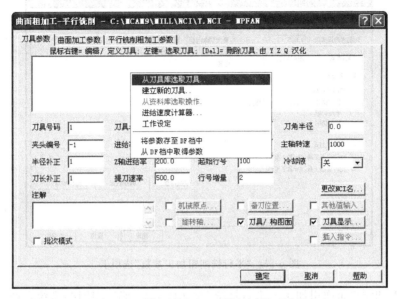

图 6-19 "曲面粗加工—平行铣削"对话框

步骤 6：从刀具库中选取直径为 10mm 的球头铣刀，并设置好参数。

步骤 7：在"曲面粗加工—平行铣削"对话框中单击"曲面加工参数"选项卡，按图 6-20 所示进行曲面参数的设置，并将精加工"预留量"设置为"0.5"mm。

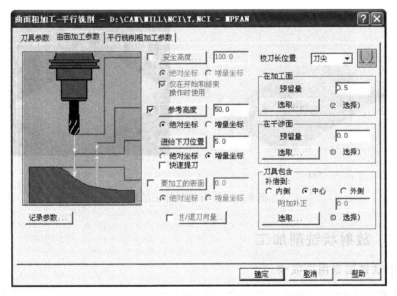

图 6-20 "曲面加工参数"选项卡

步骤 8：在图 6-20 上单击"平行铣削粗加工参数"选项卡，按图 6-21 所示设置平行铣削粗加工参数。

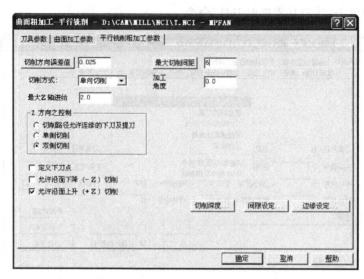

图 6-21 "平行铣削粗加工参数"选项卡

步骤 9：单击"曲面粗加工—平行铣削"对话框中的"确定"按钮,系统返回绘图区并按设置的参数生成如图 6-22(a)所示的加工刀具路径。

步骤 10：单击"刀具路径"→"操作管理"命令,在弹出的"操作管理"对话框中单击"实体验证"按钮,仿真加工后的结果如图 6-22(b)所示。(具体的实体验证过程可参考第 5 章。)

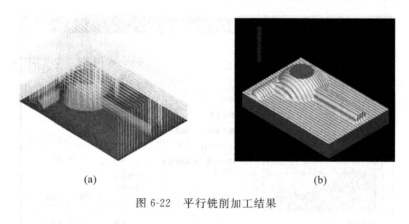

(a)   (b)

图 6-22 平行铣削加工结果

6.2.2 放射状铣削加工

1. 放射状铣削专用选项卡

放射状粗加工的刀具路径是指围绕一个旋转中心点(人为指定)向外放射状发散。第一、第二个选项卡与前例完全一样,下面仅介绍第三个选项卡,即"放射状粗加工参数"选项卡,如图 6-23 所示。该选项卡中只对"最大角度增量"作了注解,其余未作注解的项目与平行铣削粗加工中的一样,不明之处请参考前例。

这里的"最大角度增量"是指相邻两条刀具路径之间的夹角。在放射状的刀具路径

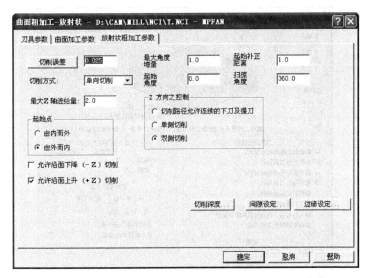

图 6-23 "放射状粗加工参数"选项卡

中,刀具越到中间越密集,而越到外围则越稀散。因此工件越大,而且最大角度增量的值也设得较大,可能外围有些地方加工不到,或者加工后表面毛糙,质量不高(刀具划痕比中心少些)。但如果最大角度增量设得较小,则刀具往复次数又会太多,中心部分重复切削频繁,且耗时多,这样也是不利的。因此应根据工件大小和表面形状进行选择。

放射状加工刀具路径适合对称或近似对称的表面,特别是回转表面。

注意:在填写完对话框的参数退出对话框后,系统会提示输入一个旋转中心点,即输入旋转中心点坐标。可以在图形上满意的位置单击一下,以此位置作为旋转中心(高点低点都没有关系,只要在旋转中心轴上就行)。

2. 放射状铣削加工学习指导

练习指导 6.2.2:对于图 6-24 所示的曲面模型采用直径为 10mm 的球头铣刀,采用放射状铣削方式进行粗加工。

步骤 1:绘制好如图 6-24 所示的几何模型(具体绘制方法可参考第 3 章),选择主功能表中的"刀具路径"→"工作设定"命令,系统弹出"工作设定"对话框,单击该对话框中的"使用边界盒"按钮,如图 6-25 所示。在绘图区中选取所有的曲面后单击"执行"命令,设定如图 6-25 "工作设定"对话框中的参数。在"工作设定"对话框中选中"显示工件"项,然后单击"确定"按钮,工件的外形如图 6-26 所示。

图 6-24 曲面模型 2

步骤 2:单击主功能表中的"刀具路径"→"曲面加工"→"粗加工"→"放射状加工"→"凸"命令。这时要求选择加工的曲面。

步骤 3:在打开的主功能表中选取子菜单中的"所有的曲面"命令。

步骤 4:系统打开"曲面粗加工—放射状"对话框,在刀具列表中单击鼠标右键,在弹

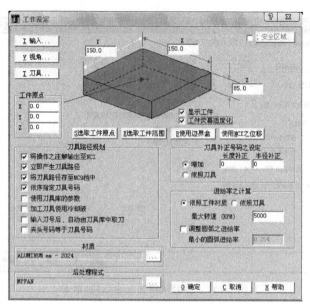

图 6-25 "工作设定"对话框

出的快捷菜单中单击"从刀具库选取刀具"命令。

步骤 5:从刀具库中选取直径为 10mm 的球头铣刀,并设置好参数。

步骤 6:单击"曲面粗加工—放射状"对话框的"曲面加工参数"选项卡,按图 6-27 所示进行曲面参数的设置,并将精加工"预留量"设置为"0.3"mm。

步骤 7:在图 6-27 上单击"放射状粗加工参数"选项卡,按图 6-28 所示设置放射状粗加工铣削参数。

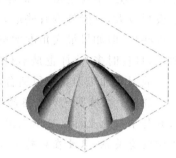

图 6-26 边缘设定已设定图形

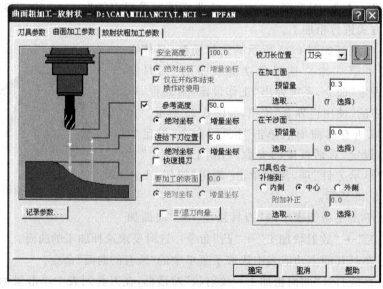

图 6-27 "曲面加工参数"选项卡

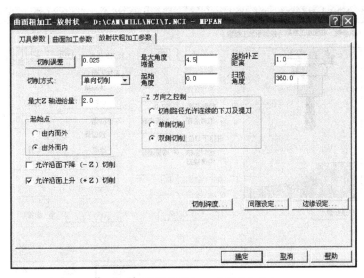

图 6-28 "放射状粗加工参数"选项卡

步骤 8：单击"曲面粗加工—放射状"对话框中的"确定"按钮，系统返回绘图区并按设置的参数生成如图 6-29 所示的加工刀具路径。

步骤 9：单击"刀具路径"→"操作管理"命令，在弹出的"操作管理"对话框中单击"实体验证"按钮，仿真加工后的结果如图 6-30 所示。

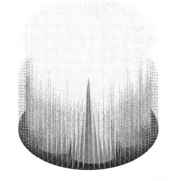

图 6-29 放射状粗加工刀具路径

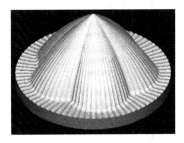

图 6-30 放射状粗加工结果

6.2.3 投影粗加工

投影粗加工主要是将已有的刀具路径或几何图形投影到曲面上生成粗加工刀具路径。"曲面加工参数"、"投影粗加工参数"选项卡如图 6-31 和图 6-32 所示。

"投影粗加工参数"选项卡中有些项与平行铣削粗加工参数完全相同，仅有几项不同。它可进行投影的除了已绘出的曲线外，还可以是点集（数个点），甚至是一个已生成的 NCI 文件。如果选择"NCI"一项，右侧"原始操作"框中会显示相关内容。例如，可以将一个"动物"外形用投影粗加工的方法"刻"在它下方的圆弧曲面顶上。

练习指导 6.2.3：对于图 6-33 所示的曲面模型采用直径为 5mm 的球头铣刀，采用投

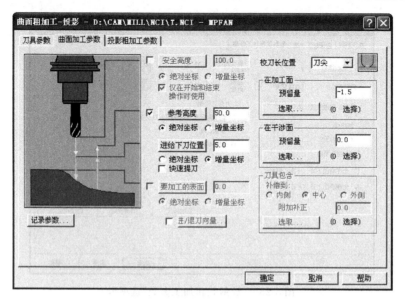

图 6-31 "曲面加工参数"选项卡

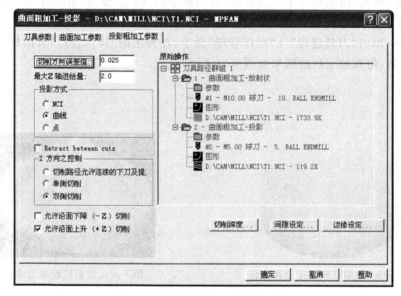

图 6-32 "投影粗加工参数"选项卡

影粗加工方式进行加工。

步骤 1：绘制好如图 6-33 所示的几何模型（具体的绘图方法可参考第 3 章），单击主功能表中的"刀具路径"→"工作设定"命令，设置好毛坯尺寸。（参考练习指导 6.2.1。）

步骤 2：在主功能表中单击"刀具路径"→"曲面加工"→"粗加工"→"平行铣削"→"凸"命令，先进行曲面粗加工，再单击"刀具路径"→"粗加工"→"放射状加工"命令进行半精加工。

步骤 3：在主功能表中顺序选择"刀具路径"→"曲面加工"→"粗加工"→"投影加

工"→"凸"命令。这时要求选择加工的曲面。

步骤4：在打开的主功能表中选取子菜单中的"所有的曲面"命令。

步骤5：系统打开"曲面粗加工—投影"对话框，在刀具列表中单击鼠标右键，系统弹出快捷菜单，在快捷菜单中单击"从刀具库选取刀具"命令。

步骤6：从刀具库中选取直径为5mm的球头铣刀，并设置好参数。

步骤7：单击"曲面粗加工—投影"对话框的"曲面加工参数"选项卡，按图6-31所示进行曲面参数的设置。

步骤8：单击"曲面粗加工—投影"对话框的"投影粗加工参数"选项卡，按图6-32所示进行设置。

步骤9：单击"确定"按钮，并进行实体验证，效果如图6-34所示。

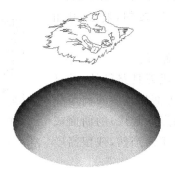

图6-33　曲面模型3　　　　　　图6-34　投影粗加工结果

6.2.4　曲面流线粗加工

1. "曲面流线粗加工"选项卡

此加工方法能沿着曲面的流线方向生成刀具路径。第一、二个选项卡与平行铣削粗加工完全一样，仅第三个选项卡有所不同，如图6-35所示。

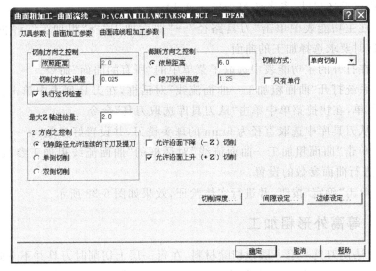

图6-35　"曲面流线粗加工参数"选项卡

(1) 切削方向之控制(或称切削方向控制)。在每一条流线方向上切削的进刀量设置有两种方法:一种是"依照距离"直接设置进刀量;另一种是通过设置总公差(含实际刀具路径与理想曲面之间的允许误差称切削公差,以及过滤公差)来自动计算进刀量。

(2) 执行过切检查。如检查发现可能有过切现象发生,则系统会自动调整刀具路径以避免过切。如果刀具路径移动量大于设定的总公差值,则会用自动提刀的方式避免过切。

(3) 截断方向之控制。与切削方向控制类似,只不过它是指刀具在垂直于切削方向的另一个方向上的进刀而已。它也有两种方式:一种是直接在"依照距离"框中输入一个值,作为截断方向的进刀量(即相邻两条刀具路径之间的距离);另一种是通过设置刀具的残留高度(即图中的"球刀残脊高度"),由系统自动计算该方向的进刀量。

按图 6-35 设置好相应的选项后,单击"确定"按钮,将出现如图 6-36 所示的菜单。

单击"执行"命令,则自动生成流线粗加工刀具路径。

曲面流线加工由于是顺着曲面的流线方向形成刀具路径的,并且可以控制残留高度,因而可以得到较精细的加工表面质量。曲面流线加工常用于曲率半径较大(即曲面较平坦,没有剧烈的起伏)的曲面或某些较复杂且加工质量要求较高的关键表面的加工。当然,残留高度定得越小,计算量就越大。

图 6-36 流线加工菜单

注意:如果同时对相连或相距不远的多个曲面进行加工,应逐个选取相邻曲面,以防止流线方向不一致造成加工困难。

2. 曲面流线粗加工学习指导

练习指导 6.2.4:对于图 6-37 所示的曲面模型采用直径为 6mm 的球头铣刀,采用曲面流线粗加工方式进行加工。

步骤 1:打开如图 6-37 所示的曲面模型,单击主功能表中的"刀具路径"→"工作设定"命令,设置好毛坯尺寸(参考练习指导 6.2.1)。

步骤 2:在主功能表中单击"刀具路径"→"曲面加工"→"粗加工"→"曲面流线"→"凸"命令。这时要求选择加工的曲面。

步骤 3:在打开的主功能表中选取子菜单中的"所有的曲面"命令。

步骤 4:系统打开"曲面粗加工—曲面流线"对话框,在刀具列表中单击鼠标右键,系统弹出快捷菜单,在快捷菜单中单击"从刀具库选取刀具"命令。

步骤 5:从刀具库中选取直径为 6mm 的球头铣刀,并设置好参数。

步骤 6:单击"曲面粗加工—曲面流线"对话框的"曲面流线粗加工参数"选项卡,按图 6-35 所示进行曲面参数的设置。

步骤 7:单击"确定"按钮,并进行实体验证,效果如图 6-38 所示。

6.2.5 等高外形粗加工

该加工方法使刀具一层一层地切除材料,在每一层上切削时刀具并不下降,而是像二维外形铣削的动作一样进行切削,铣完一层,再下降一个距离,同样的方法对下一层进行

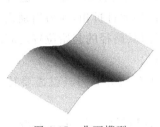 

图 6-37　曲面模型　　　　　　　图 6-38　流线粗加工结果

切削,依此类推逐步向曲面靠拢。

若毛坯形状已接近最终曲面形状(如经过铸造或锻造得到的毛坯,或已用其他方法去除了一些材料的毛坯),选择此法较为理想,而且加工速度也较快。

1. "等高外形粗加工参数"选项卡

"等高外形粗加工参数"选项卡如图 6-39 所示。在此仅介绍其与平行铣削粗加工参数中不同的项。

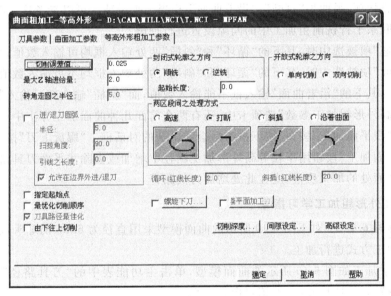

图 6-39　"等高外形粗加工参数"选项卡

(1) 转角走圆之半径。MasterCAM 中,一般设拐弯处的角度小于 135°时为锐角,在这样的拐角处,为使刀具切削材料的厚度变化不剧烈,常设置为走圆角而不是走直线,本项即设置圆角的半径。

(2) 封闭式轮廓之方向。对封闭式轮廓,有两种加工方式:顺铣和逆铣。顺铣时刀具旋转方向与工件(装在机床工作台上随工作台移动)的移动方向相同。而逆铣时刀具旋转方向与工件的移动方向相反。两种情况下的切屑状况不同,顺铣得到的切屑先厚后薄,而逆铣得到的切屑是先薄后厚。

理论上讲,因加工中心采用了消除进给丝杠游隙(即间隙)的措施,采用顺铣方式具有消耗功率小、刀刃磨损小、工作较平稳、振动小、表面较光洁等优点，故优于逆铣方式。但如果像普通铣床没有采取消除游隙的措施，则顺铣的优势大打折扣，须另当别论。本项中的"起始长度"是指每层刀具路径的起始位置与上一层刀具路径的起始位置之间的偏移距离，设置该值可避免各层起点位置一致而造成一条刀痕。

（3）开放式轮廓之方向。因为没有封闭，所以加工到边界时刀具就需要转弯以免在无材料的空间做切削动作。该项设置了两种动作：

① 单向切削——刀具加工到边界后，提刀，快速返回到另一头，再下刀沿下一条刀具路径进行加工。

② 双向切削——刀具在顺方向和反方向都进行切削，即来回切削。

（4）两区段间之处理方式。该项用于设置当刀具移动量（垂直于刀具前进方向）小于设定的间隙时，刀具如何从这一条路径过渡到另一条路径上去。若要加工的两个曲面相距很近，或一个曲面因某种原因被隔开一段距离，都属于此问题，因此都需要考虑如何从这个区域过渡到另一个区域去。

此项类似于前面介绍的平行铣削粗加工中的间隙设定，"高速"相当于平滑项。"斜插"相当于直接项，另两项"打断"、"沿着曲面"相当于平滑项。可以参考这4项下面配备的图示，并联系平行铣削粗加工中的间隙设置进行理解。

当"高速"项被选中时，其下的"循环"和"斜插"两处输入框均可输入数值；当"打断"项或"沿着曲面"项被选中时，其下的"循环"和"斜插"两处输入框均不可输入数值；当"斜插"项被选中时，其下的"沿着曲面"输入框不能输入数值，而"斜插"输入框可输入数值。

在"等高外形粗加工参数"选项卡中，还有两个前面几种曲面加工方法中不曾有的"螺旋下刀"和"浅平面加工"按钮，按下按钮后会弹出新的对话框。"螺旋下刀"按钮用于设置下刀，"浅平面加工"按钮用于在等高外形加工路径中增加或去除浅平面刀具路径，为保证曲面上浅平面处的加工质量，应在此处增加刀具路径。

2. 等高外形粗加工学习指导

练习指导 6.2.5：对于图 6-40 所示的曲面模型采用直径为 6mm 的球头铣刀，采用等高外形粗加工方式进行加工。

步骤 1：加工如图 6-40 所示的曲面模型，单击主功能表中的"刀具路径"→"工作设定"命令，设置好毛坯尺寸（参考练习指导 6.2.1）。

步骤 2：在主功能表顺序单击"刀具路径"→"曲面加工"→"粗加工"→"等高外形"命令。这时要求选择加工的曲面。

步骤 3：在打开的主功能表中选取子菜单中的"所有的曲面"命令。

步骤 4：系统打开"曲面粗加工—等高外形"对话框，在刀具列表中单击鼠标右键，系统弹出快捷菜单，在快捷菜单中单击"从刀具库选取刀具"命令。

步骤 5：从刀具库中选取直径为 6mm 的球头铣刀，并设置好参数。

步骤 6：单击"曲面粗加工—等高外形"对话框的"等高外形粗加工参数"选项卡，按图 6-39 所示进行曲面参数的设置。

步骤 7：单击"确定"按钮，并进行实体验证，仿真加工后的结果如图 6-41 所示。

图 6-40　曲面模型 5　　　　　　　　图 6-41　等高外形粗加工结果

6.2.6　挖槽粗加工

挖槽粗加工可以根据曲面形态自动选取不同的刀具运动轨迹来去除材料，通过切削所有位于凹槽边界的材料面生成粗加工刀具路径。在"曲面粗加工—挖槽"对话框中未作注解的与二维挖槽加工对话框相同，请看 5.4 节相关的介绍。

注意：设置完 3 个选项卡中的参数，单击"确定"按钮退出对话框后，可能会出现选择加工边界的提示；边界可能有一个或多个，顺序单击即可。

练习指导 6.2.6：对于图 6-42 所示的曲面模型采用直径为 10mm 的球头铣刀，采用挖槽粗加工方式进行加工。

步骤 1：打开如图 6-42 所示的曲面模型，在主功能表中单击"刀具路径"→"工作设定"命令，单击"工作设定"对话框的"使用边界盒"按钮，在绘图区选取所有的曲面后选择执行选项（参考练习指导 6.2.1）。结果如图 6-43 所示。

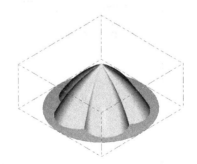

图 6-42　曲面模型 6　　　　　　　　图 6-43　边缘设定已设定图形

步骤 2：在主功能表中单击"刀具路径"→"曲面加工"→"粗加工"→"挖槽粗加工"命令。这时要求选择加工的曲面。

步骤 3：在打开的主功能表中选取子菜单中的"所有的曲面"命令。

步骤 4：系统打开"曲面粗加工—挖槽"对话框，在刀具列表中单击鼠标右键，系统弹出快捷菜单，在快捷菜单中单击"从刀具库选取刀具"命令。

步骤 5：从刀具库中选取直径为 10mm 的平头铣刀，并设置好参数。

步骤 6：单击"曲面粗加工—挖槽"对话框的"曲面加工参数"选项卡，按图 6-44 所示进行曲面参数的设置,并将精加工"预留量"设置为"0.5"mm。

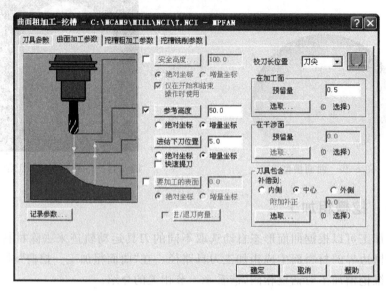

图 6-44 "曲面加工参数"选项卡

步骤 7：分别单击图 6-45、图 6-46 中的"挖槽粗加工参数"和"挖槽铣削参数"选项卡，设置挖槽粗加工铣削参数。

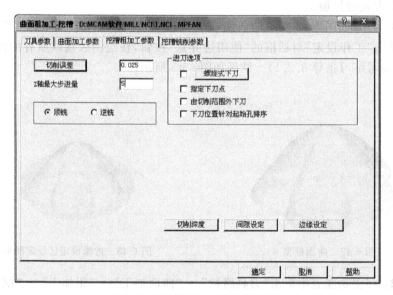

图 6-45 "挖槽粗加工参数"选项卡

步骤 8：单击"曲面粗加工—挖槽"对话框中的"确定"按钮,系统返回绘图区并按设置的参数生成如图 6-47 所示的加工刀具路径。

步骤 9：单击主功能表中的"刀具路径"→"操作管理"命令,系统弹出"操作管理"对话框,在该对话框中单击"实体验证"按钮,仿真加工后的结果如图 6-48 所示。

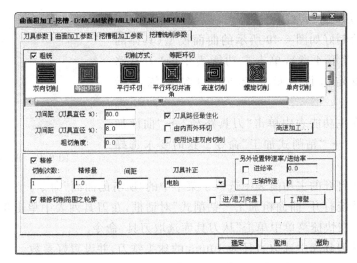

图 6-46 "挖槽铣削参数"选项卡

图 6-47 加工刀具路径

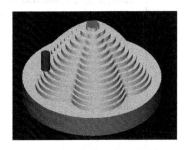

图 6-48 挖槽粗加工结果

6.2.7 钻削式粗加工

这是一种能快速去除大量材料的加工方法,刀具加工工件的动作像连续钻出很多孔一样。如果选择的毛坯是块料,而零件的形状与它相差较大,意味着要去掉很多材料,这时可考虑选用这种方法。当然,如果零件的批量大,这样选择毛坯是不经济的,我们会采取铸造或锻造的方法得到接近零件尺寸和形状的毛坯。但在模具制造中,模具零件特别是模座等常是单件生产,为铸造和锻造而专门设计铸模和锻模又会觉得太奢侈,所以常选择形状规则的现成块料,这样一来,加工量自然就大了,但综合比较,在成本方面应该是值得的。所有数控机床不一定都支持这种方法,因为这种加工方法对机床的刚性等要求较高,对刀具的要求也高。

关于下刀路径解释如下:由"NCI"文件确定是指借用其他加工方法产生的 NCI 文件来获得钻削式加工的刀具运动轨迹,当然必须是对同一个表面或同一个区域的加工才行。注意是借用,并不是照搬,有些地方会做些改变。

练习指导 6.2.7:对于图 6-49 所示的曲面模型采用直径为 10mm 的球头铣刀,采用钻削式粗加工方式进行加工。

步骤1：绘制好如图6-49所示的曲面模型（具体的绘制方法可参考第4章），单击主功能表中的"刀具路径"→"工作设定"，设置好毛坯尺寸（参考练习指导6.2.1）。

步骤2：在主功能表中单击"刀具路径"→"曲面加工"→"粗加工"→"钻削式加工"命令。这时要求选择加工的曲面。

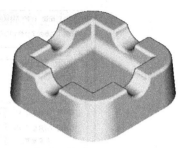

图6-49 曲面模型7

步骤3：在打开的主功能表中选取子菜单中的"所有的曲面"命令。

步骤4：系统打开"曲面粗加工—钻削式"对话框，在刀具列表中单击鼠标右键，系统弹出快捷菜单，在快捷菜单中单击"从刀具库选取刀具"命令。

步骤5：从刀具库中选取直径为10mm的球头铣刀，并设置好参数。

步骤6：单击"曲面粗加工—钻削式"对话框的"钻削式粗加工参数"选项卡，按图6-50所示进行曲面参数的设置。

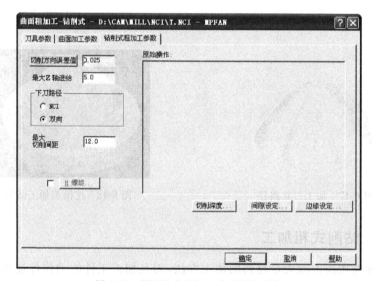

图6-50 "钻削式粗加工参数"选项卡

步骤7：单击"确定"按钮，并进行实体验证，效果如图6-51所示。

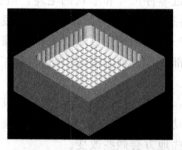

图6-51 钻削式内腔粗加工结果

6.3 曲面精加工

6.2节介绍的是7种曲面粗加工方式,下面将介绍10种曲面精加工方式。

粗加工的主要目的是尽快去除材料,使工件接近成品尺寸和形状,而精度没达到要求;而精加工是为了全面达到零件的各项技术要求,包含尺寸精度要求、形状和位置精度要求、表面粗糙度要求的一种加工方式。

MasterCAM 9.1中对精加工有10种方法,从图6-52可以看出很多加工方法与粗加工中的一样,仅有几种不同。下面将进行介绍,如果与前面粗加工有相同的,说明从简。

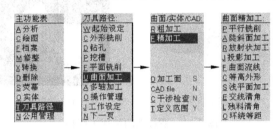

图 6-52 曲面精加工方法

6.3.1 平行铣削精加工

"曲面精加工—平行铣削"对话框与"曲面粗加工—平行铣削"对话框基本一样。第一个选项卡是"刀具参数"选项卡,它与三维曲面平行铣削粗加工中是一样的。

第二个选项卡是"曲面加工参数"选项卡,也与曲面平行铣削粗加工中的一样。

第三个选项卡(如图6-53所示)是"平行铣削精加工参数"选项卡,从图中可以发现它比平行铣削粗加工少了一些项目,其他项目与平行铣削粗加工的完全一样。此框中"加工角度"可设置得与平行铣削粗加工时的不一样,产生的刀痕也与平行铣削粗加工时形成的

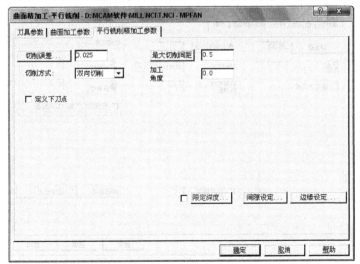

图 6-53 "平行铣削精加工参数"选项卡

刀痕成交叉纹路,这样可以减少平行铣削粗加工时刀具对加工表面的影响。

精加工的切削余量比较少,不存在分层铣削的问题,没有"最大 Z 轴进给量"和"下刀控制"中的各项设置,且默认允许刀具沿曲面上升和下降方向上进行切削,所以也不必像平行铣削粗加工一样须对这两项进行选择。并且要注意图 6-53 下方的第一个按钮"限定深度"与平行铣削粗加工中的"切削深度"按钮名字不同。以图 6-54(a)加工零件为例,单击主功能表中的"刀具路径"→"曲面加工"→"精加工"→"平行铣削"命令,提示选择曲面,选择曲面后单击"执行"命令,设置图 6-53 对话框中的参数,然后单击"确定"按钮,再单击菜单中的"执行"命令,效果如图 6-54(b)所示。

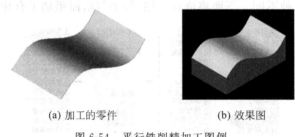

(a) 加工的零件　　　　　　(b) 效果图

图 6-54　平行铣削精加工图例

6.3.2　陡斜面精加工

这是粗加工中没有的,用于清除粗加工时残留在曲面较陡的斜坡上的材料,常与其他精加工方法协作使用。

受刀具切削间隔的限制,平坦的曲面上刀具路径较密,而陡斜面上的刀具路径要稀一些,容易导致有较多余料,而采用这种方法则可以改善这种状况。

"曲面精加工—陡斜面精加工"对话框中前两个选项卡("刀具参数"和"曲面加工参数")与平行铣削精加工是一样的,第三个参数选项卡如图 6-55 所示。

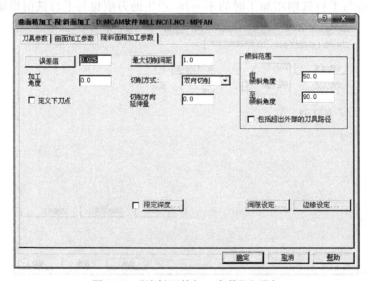

图 6-55　"陡斜面精加工参数"选项卡

(1) 陡斜面的定义。MasterCAM 用两个角度来定义工件的陡斜面,且只加工由加工区最小坡度到加工区最大坡度之间("由倾斜角度"和"至倾斜角度")的区域。坡度即角度,这个角度是指曲面法线与 Z 轴的夹角。

(2) 切削方向延伸量。刀具在前面加工过的区域开始进刀,经过设置的距离后,才正式切入需加工的陡斜面区,退出陡斜面区时也要超出这样一个距离。它等于是将刀具路径的两端增长了一点,而且能够顺应路径的开关圆滑过渡,这样一来,刀具的切削范围实际上扩大了一点。

(3) 加工角度。它是指刀具路径与 X 轴正方向的夹角,注意最好与前面加工中的加工路径垂直或接近垂直为好,这样可形成交错的刀痕纹路,改善表面粗糙度。

注意:系统仅对坡度在最小坡度和最大坡度之间的曲面进行陡斜面精加工。

6.3.3 放射状精加工

"曲面精加工—放射状"对话框的"放射状精加工参数"选项卡中比粗加工少了几个项目,如图 6-56 所示。以图 6-57(a)加工零件为例介绍其使用。单击主功能表中的"刀具路径"→"曲面加工"→"精加工"→"放射状加工"命令,根据提示选择曲面,单击"执行"命令,根据图 6-56 所示设置相关参数,然后单击"确定"按钮,再次单击"执行"命令,效果如图 6-57(b)所示。

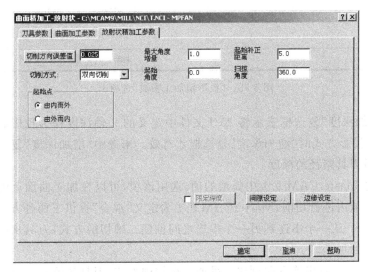

图 6-56 "放射状精加工参数"选项卡

(a) 加工的零件　　　　　　　　(b) 效果图

图 6-57 放射状精加工图例

6.3.4 投影精加工

投影精加工可将已有的刀具路径或几何图形投影到指定曲面上生成加工刀具路径。图 6-58 所示的"投影精加工参数"选项卡与粗加工时的投影加工有些不同,它取消了"最大 Z 轴进给量"、"Z 方向之控制"、Z 向移动方式设置("允许沿面下降(±Z)切削"),增加了"增加深度"复选框、"混合"单选项。

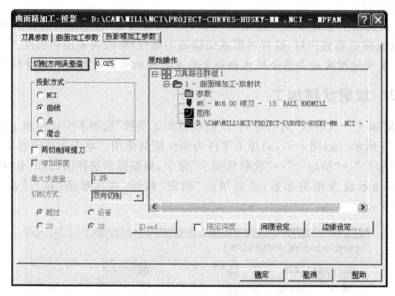

图 6-58 "投影精加工参数"选项卡

选中"增加深度"复选框表示将 NCI 文件中定义的 Z 轴深度作为投影后刀具路径的深度,仅 NCI 投影方式时"增加深度"复选框才有效。未选中"增加深度"复选框则由曲面来决定投影后刀具路径的深度。

"混合"是 MasterCAM 9.1 中新增的项,选用该项,可以在加工曲面上由两条串连曲线所确定的区域内进行切削,MasterCAM 9.1 为定义"混合"提供了两种方法:

① 越过——从一个串连到另一个串连之间创建二维切削方式,刀具从第一个被选定串连的起点开始加工。

② 沿着——沿着串连方向创建二维或三维切削方式,刀具从第一个被选定串连的起点开始加工。

以图 6-60 加工零件为例,单击主功能表中的"刀具路径"→"曲面加工"→"精加工"→"投影加工"命令,根据提示选择曲面,单击"执行"命令,设置图 6-58 和图 6-59 对话框中的参数,然后单击"确定"按钮,选择文字后单击菜单中的"执行"命令,效果如图 6-61 所示。

6.3.5 曲面流线精加工

沿曲面流线方向生成精加工刀具路径,与粗加工中的曲面流线加工相比,少了几个项

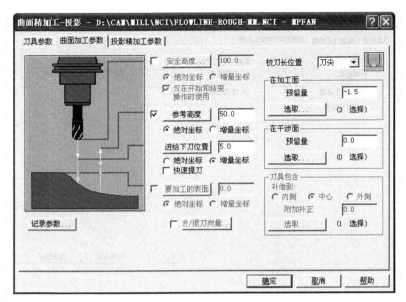

图 6-59 "曲面加工参数"选项卡

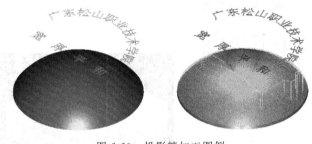

图 6-60 投影精加工图例

图 6-61 效果图

目,其他相同,故不重复介绍。

曲面流线加工与平行铣削加工的刀具路径类似,但加工结果却可能有差异,特别是在陡坡面上其加工质量明显高于平行铣削,这是因为平行铣削采用最大切削间距来控制刀具纹路的细密程度,因此同样的切削间距,在坡度很陡的陡坡面上形成的刀痕要比在平面或平坦的面上大得多。

曲面流线精加工可用高度来控制加工表面残余材料的高度。在陡斜面上,它会自动将刀具路径的密度增加,以确保残余高度达到设定的要求。所以曲面流线精加工比平行铣削的加工表面质量更好。"曲面流线精加工参数"选项卡如图 6-62 所示,各项的含义同曲面流线粗加工类似,这里不再重述。

以图 6-63 加工零件为例,单击主功能表中的"刀具路径"→"曲面加工"→"精加工"→"曲面流线"命令,根据提示选择曲面,单击"执行"命令,设置图 6-62 对话框中的参数,单击"确定"按钮,然后单击菜单中的"执行"命令,效果如图 6-64 所示。

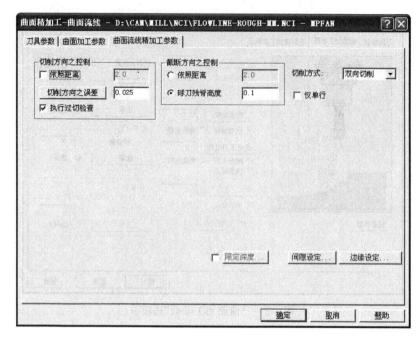

图 6-62 "曲面流线精加工参数"选项卡

图 6-63 曲面流线精加工图例　　　　　图 6-64 效果图

6.3.6 等高外形精加工

与粗加工中的等高外形加工参数设置完全一样,在"曲面加工"子菜单中选择"精加工"选项,可打开等高外形精加工模组。该模组可以在曲面上生成等高线式精加工刀具路径,并可以通过"等高外形精加工参数"选项卡来设置该模组的参数。

采用等高外形精加工时,在曲面的顶部或坡度较小的位置不能进行切削,因此一般可采用浅平面精加工来对这部分的材料进行铣削。

以图 6-66 加工零件为例,单击主功能表中的"刀具路径"→"曲面加工"→"精加工"→"等高外形"命令,根据提示选择曲面,单击"执行"命令,设置图 6-65 对话框中的参数,单击"确定"按钮,然后单击菜单中的"执行"命令,效果如图 6-67 所示。

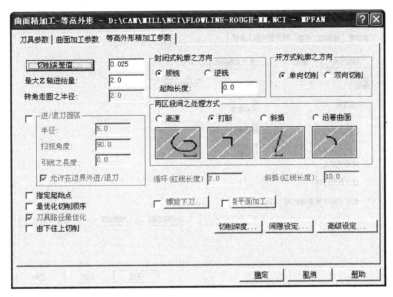

图 6-65 "等高外形精加工参数"选项卡

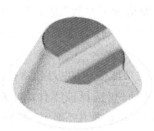

图 6-66 等高外形精加工图例　　　　　　图 6-67 效果图

6.3.7 浅平面精加工

浅平面并不是指比较浅的平面,而是指比较平坦的曲面,与陡斜面相反。浅平面精加工中在符合条件的面上除去一层材料。等高外形粗加工中专门有一个浅平面加工选项,而在曲面精加工中,专门把浅平面加工独立出来,因为采用多种加工方法都可能在浅平面内产生残料,因此需要去除。本方法专门用于清除曲面浅平面上的余量,大多数情况下该加工应在等高外形精加工后面进行。"浅平面精加工参数"选项卡如图 6-68 所示。

这种加工方法中增加了一种切削方式——3D 环绕切削。选中该方式,下面的"3D 环绕切削"按钮可以选用,单击该按钮出现的对话框如图 6-69 所示。这时可设置环绕精度(进给量的百分比),进给量百分比越小,则刀具路径越平滑。

浅平面与陡斜面类似,也是由最小坡度和最大坡度两个角度来定义的,凡坡度落在这两个角度之间的均被视为浅平面。

坡度定义为该点切线与水平面的夹角。角度不区分正负,只看值的大小。系统默认的坡度范围为 0°～10°,也可以改变其范围值,将加工范围扩大到更陡一点的斜坡上。当

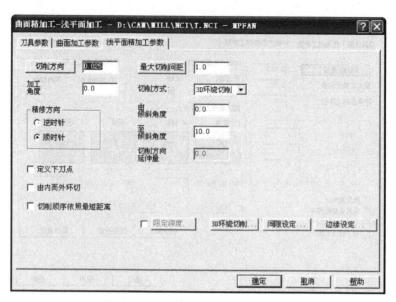

图 6-68 "浅平面精加工参数"选项卡

然,其范围值不能超过 90°。"浅平面精加工参数"选项卡中其他项目的含义同前,不再重复介绍。以下是用等外形精加工铣削的工件上表面没达到要求,这就可以采用浅平面加工进行加工。

以图 6-70 加工零件为例,单击主功能表中的"刀具路径"→"曲面加工"→"精加工"→"浅平面加工"命令,根据提示选择曲面(仅选择该零件的上面表),单击"执行"命令,设置图 6-68 对话框中的参数,单击图 6-68 对话框中"确定"按钮,然后选择边界,单击菜单中的"执行"命令,效果如图 6-70 所示。

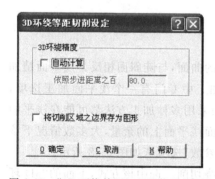

图 6-69 "3D 环绕等距切削设定"对话框　　　图 6-70 浅平面精加工图例

6.3.8 交线清角精加工

该加工方法用于清除曲面间的交角部分残余材料,应与其他加工方法配合使用。除了有两个共同的选项卡外,还有一个独有的特征选项卡,"交线清角加工参数"如图 6-71 所示。

以图 6-72 所示的加工零件为例,单击主功能表中的"刀具路径"→"曲面加工"→"精

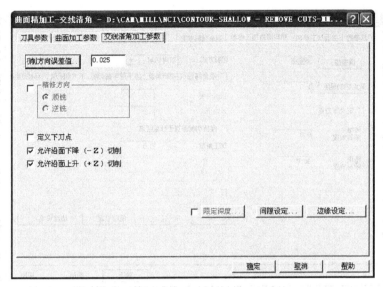

图 6-71 "交线清角加工参数"选项卡

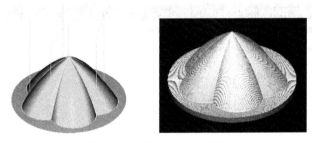

图 6-72 交线清角精加工图例

加工"→"交线清角"命令,根据提示选择所有曲面,单击"执行"命令,设置图 6-71 对话框中的参数,单击对话框中"确定"按钮,然后选择加工边界,单击菜单中的"执行"命令,效果如图 6-72 所示。

6.3.9 清除残料精加工

该加工方法用于清除因采用大尺寸刀具加工或加工方式选择不当所残余的材料,也应与其他加工方法配合使用。除了有两个共同的选项卡外,还有两个独有的特征选项卡,如图 6-73 和图 6-74 所示。

对图 6-73、图 6-74 中的某些项目解释如下。

(1) 混合方式。它是 2D 加工形式和 3D 加工形式的混合。大于转折角度时采用 2D 方式(这时曲面比较陡),小于转折角度时采用 3D 方式(这时曲面比较平缓)。2D 方式是指在切削一周的过程中,切入深度 Z 不变,刀具路径在二维方向(刀具平面上的投影)上是等距的。3D 方式是指在切削一周的过程中,Z 值根据曲面的形态变化而变化,刀具路径在空间上是保持等距的,这样可以使在加工陡峭的面时自动增加刀具路径,免得在陡峭

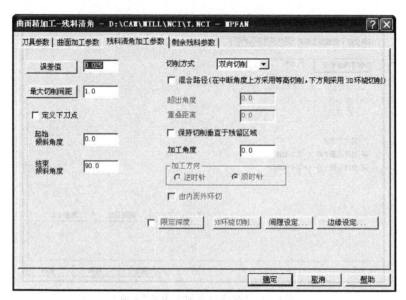

图 6-73 "残料清角加工参数"选项卡

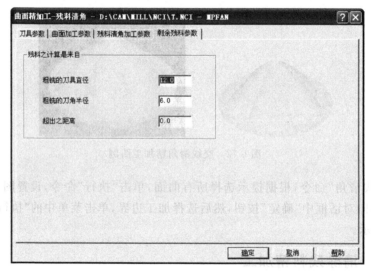

图 6-74 "剩余残料参数"选项卡

面上刀具切削的痕迹过稀。

(2)超出之距离。残料加工区域的确定要根据前面的粗加工在哪个区域,以及用粗加工刀具的区域有多大。若在该对话框中设置了一个偏移距离值,则系统自动将粗加工的刀具假想地加上这个值。

6.3.10 环绕等距精加工

该加工方法可生成一组环绕工件曲面而且等距的刀具路径。与流线精加工类似,它根据曲面的形态决定切除深度,而不管毛坯是何形状和局部地方要去掉多少材料。所以若毛坯尺寸和形状接近零件时用此法较为稳妥,"3D 环绕等距加工参数"选项卡如图 6-75 所示。

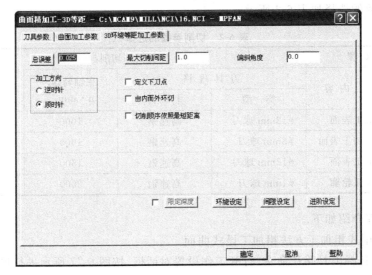

图 6-75 "3D 环绕等距加工参数"选项卡

以上介绍的是 10 种曲面精加工方法,下面将通过一个综合实例来介绍几种有代表性的和常用的曲面加工方法。

6.4 综合实例

本实例只重点介绍刀具路径的创建过程,具体的材料设置、刀具加工参数设置本是必不可少的步骤,但本例省去,读者可按照二维加工中介绍的方法进行设置。

6.4.1 综合实例一——创建一个三维曲面并对其进行加工

1. 创建三维曲面

创建一个昆式曲面,如图 6-76 所示。

2. 加工方法及步骤

思路分析:以下从工艺分析、刀具的选择、切削参数的选择三个方面来说明。

1) 工艺分析

如图 6-75 所示,加工部位是用昆式曲面方式生成的轮廓表面,轮廓表面的材料不可能一次就全部切掉,所以还要留出余量。这样就需要采取多种加工方法。先用钻削式粗加工方法进行开粗,再用平行铣削粗加工方法进行第二次半精加工,最后用曲面精加工中的曲面流线精加工方法进行最后的精加工。

图 6-76 昆式曲面

2) 刀具的选择

加工过程中采用的刀具有 $\phi 12mm$、$\phi 8mm$、$\phi 4mm$ 的球头铣刀。

3) 切削参数的选择

切削参数的选择如表 6-2 所示。

表 6-2 切削参数的选择

加工步骤		刀具与切削参数			
序号	加工内容	刀具规格		主轴转速/ $n \cdot min^{-1}$	进给速度/ $mm \cdot min^{-1}$
		类型	材料		
1	粗加工表面	ϕ12mm 球刀	高速钢	1000	200
2	半精加工表面	ϕ8mm 球刀	高速钢	1000	250
3	精加工表面	ϕ12mm 球刀	高速钢	1500	250
4	刻圆弧轮廓	ϕ4mm 球刀	高速钢	2000	150

加工步骤介绍如下。

1) 用钻削式粗加工方法粗加工昆式曲面

步骤 1：选择刀具路径命令，打开工作设置对话框，按图 6-77 所示进行设置。

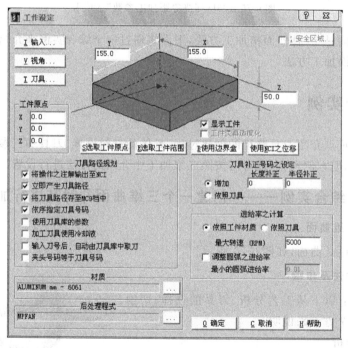

图 6-77 设置毛坯尺寸

设置好后，下一步就要开始加工了。

步骤 2：单击主功能表中的"刀具路径"→"曲面加工"→"粗加工"→"钻削式加工"命令，根据提示选择曲面，单击昆式曲面任意一点，然后单击"执行"命令，弹出"刀具参数"选项卡，如图 6-78 所示。

步骤 3：按前面介绍的方法选择一把直径为 12mm 的球头铣刀，设置好刀具规格尺寸和加工参数。

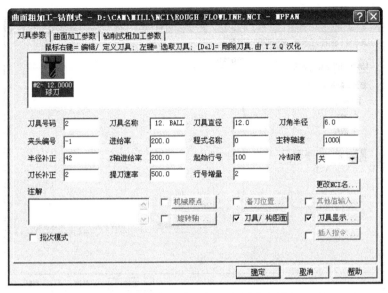

图 6-78 "刀具参数"选项卡

步骤 4：单击图 6-78 中的"曲面加工参数"选项卡,进行半精加工余量设置,如图 6-79 所示。

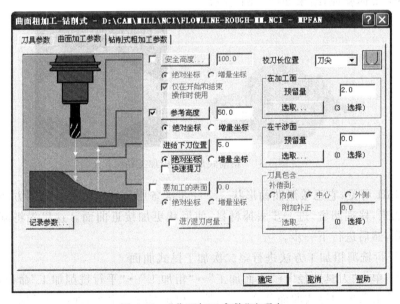

图 6-79 "曲面加工参数"选项卡

步骤 5：单击图 6-79 中的"钻削式粗加工参数"选项卡,进行切削间距设置,如图 6-80 所示。

步骤 6：单击"确定"按钮退出对话框,系统提示单击一个低点,在前面最低的一角单击。

步骤 7：系统提示单击一个高点,然后在相对的另一侧高的角落点单击。

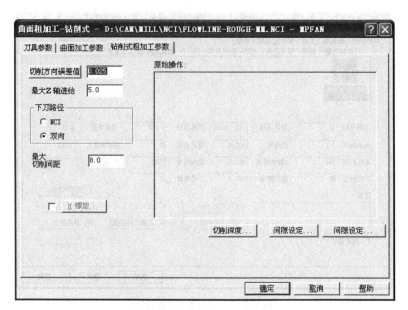

图 6-80 "钻削式粗加工参数"选项卡

步骤 8：刀具路径创建完成，屏幕上出现刀具路径。

步骤 9：实体验证，结果如图 6-81 所示。

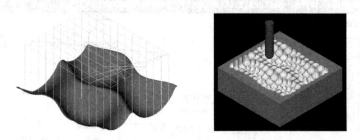

图 6-81 钻削式加工模拟加工结果

由图 6-81 可见，它已接近曲面形状。下一步准备用最常用的平行铣削方法对表面继续进行粗加工，修理凹坑，进一步去掉材料，使形状更加接近曲面。这里先将刚生成的刀具路径隐藏，然后进行下一步。

2）用平行铣削粗加工方法进行第二次加工昆式曲面

步骤 1：单击"刀具路径"→"曲面加工"→"粗加工"→"平行铣削加工"命令，这时提示选择曲面，单击菜单中昆式曲面任意一点，然后单击"执行"命令，弹出对话框。

步骤 2：按前面介绍的方法选择一把直径为 12mm 的球头铣刀。

步骤 3：单击对话框中的"曲面加工参数"选项卡，进行精加工余量设置，如图 6-82 所示。

步骤 4：单击图 6-82 中的"平行铣削粗加工参数"选项卡，进行最大切削间距设置，如图 6-83 所示。

步骤 5：刀具路径创建完成，选择已有的两个基本点进行模拟加工，结果如图 6-84 所示。

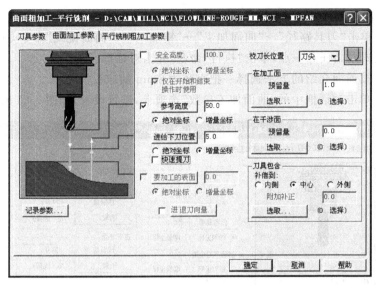

图 6-82 "曲面加工参数"选项卡

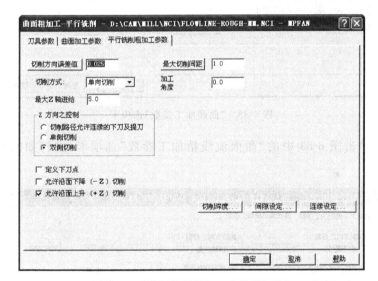

图 6-83 "平行铣削粗加工参数"选项卡

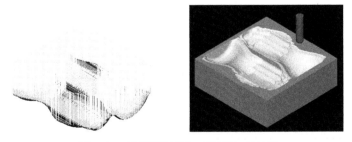

图 6-84 平行铣削粗加工模拟加工结果

3) 对曲面进行流线精加工

步骤1：单击"刀具路径"→"曲面加工"→"精加工"→"曲面流线"命令，这时提示选择曲面，选取昆式曲面任意一点，单击"执行"命令，弹出对话框。

步骤2：按前面介绍的方法选择一把直径为8mm的球头铣刀。

步骤3：单击对话框中的"曲面加工参数"选项卡，进行设置，如图6-85所示。

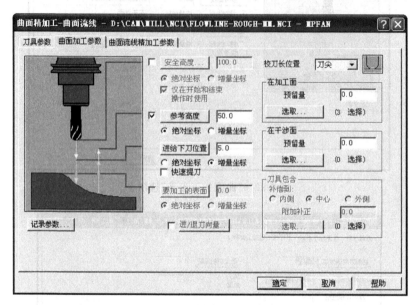

图6-85 "曲面加工参数"选项卡

步骤4：单击图6-83中的"曲面流线精加工参数"选项卡，进行如图6-86所示的设置。

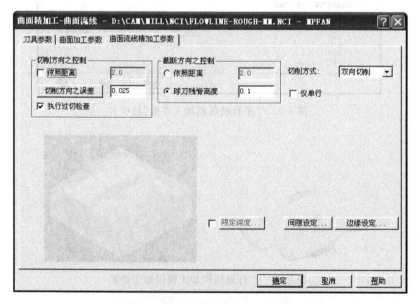

图6-86 "曲面流线精加工参数"选项卡

步骤 5：单击"确定"按钮退出对话框，确保流线方向顺着曲面长的方向，然后单击"开始"命令，将加工开始点设在左前点，单击"执行"命令，刀具路径创建完成，选择已有的两个操作进行模拟加工，结果如图 6-87 所示。

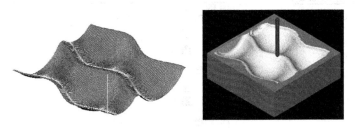

图 6-87　流线精加工模拟加工结果

上面的操作完成后，下面必须用投影加工的方法在曲面上刻出一个圆。

4）投影加工

步骤 1：先在曲面上方画一个半径为 6mm 的圆。

步骤 2：单击"刀具路径"→"曲面加工"→"精加工"→"投影加工"命令，根据提示单击昆式曲面，然后单击"执行"命令，弹出对话框。

步骤 3：选择一把半径为 4mm 的球头铣刀。

步骤 4：单击对话框中的"曲面加工参数"选项卡，进行的设置如图 6-88 所示。

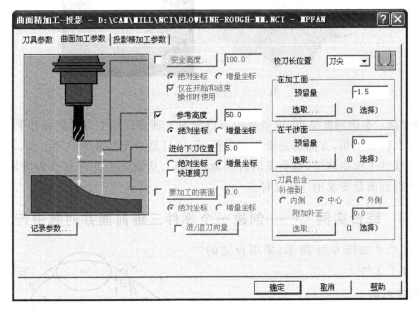

图 6-88　"曲面加工参数"选项卡

步骤 5：单击图 6-88 中的"投影精加工参数"选项卡，然后选中"曲线"项，如图 6-89 所示。

步骤 6：单击"确定"按钮退出对话框，选择已有的操作进行模拟加工，结果如图 6-90 所示。

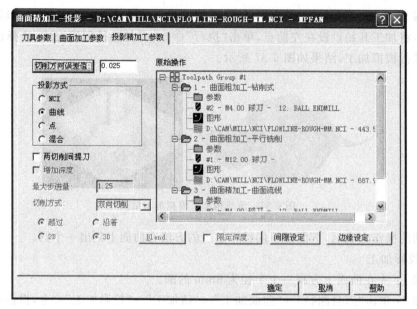

图 6-89 "投影精加工参数"选项卡

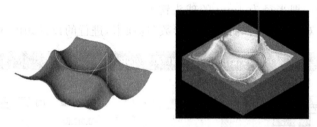

图 6-90 投影模拟加工结果

本例小结：本例到此结束，读者从中可以学习 4 种曲面加工方法的操作和设置技巧。自始至终，人都是主角，方案都是操作者定的，软件只是为人办事的一种工具，人和软件相得益彰，对软件了解得越深，越会灵活自如地应用它，从而完成任意复杂程度的加工设计任务，最终得到满足要求的 NC 文件。

6.4.2 综合实例二——创建一个零件三维曲面并对其进行加工

零件图尺寸如图 6-91 所示，采用合适的加工路径加工工件。

1. 创建曲面

创建零件的三维曲面如图 6-92 所示，在实际加工过程中，为了方便操作者设定工件原点，也为了方便在加工时对刀，一般情况下可使工件原点与系统原点重合，也就是让 (X0,Y0) 处在工件长与宽的中心处。Z0 处在

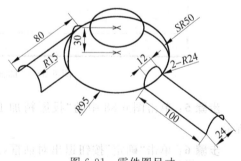

图 6-91 零件图尺寸

工件的上表面。这时可以把图 6-92(a)中的长与宽向左和向上移动,而图 6-92(b)则下移 30mm。(此时可以用"分析"命令获得模型最高点坐标值,也可以用绘制边界盒的方法,绘制出模型形心,将 Z 坐标值乘 2 即为最高点坐标值。)

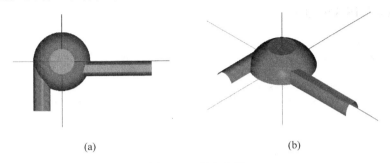

图 6-92 零件曲面

这里先移动 Z 方向,步骤如图 6-93 所示。

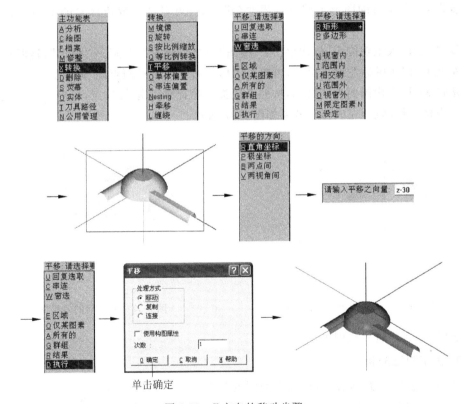

图 6-93 Z 方向的移动步骤

移动工件长和宽方向的方法有多种,这里介绍两种。

1) 采用辅助线段,捕捉中心的方法进行移动

步骤 1：先根据图形的大小用辅助线段画出矩形 1,再确定矩形的中心 O 点,如图 6-94 所示。

步骤 2：进入主功能表，依次单击"绘图"→"转换"→"平移"→"窗选"（这时单击图形的左上角，按住鼠标的左键不松手，再单击图形的右下角）→"两点间"命令。

步骤 3：按照系统提示捕捉移动起点 O 点，再单击主功能表的"原点"为移动目标点，完成移动效果如图 6-95 所示。

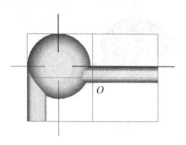
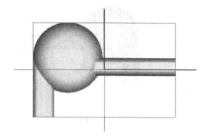

图 6-94　未移动的图形　　　　　图 6-95　已移动到原点的图形

2) 采用建立边界盒的方式

步骤 1：在原有的图形上建立边界盒（建立后，可自动生成边界盒的中心 O 点），如图 6-96 所示。

步骤 2：进入主功能表，依次单击："绘图"→"转换"→"平移"→"窗选"（这时单击图形的左上角，按住鼠标左键不松手，再单击图形的右下角）→"两点间"命令。

步骤 3：设置构图面为俯视图，按照系统提示捕捉移动起点 O 点，再单击主功能表的"原点"为移动目标点，完成移动效果如图 6-97 所示。

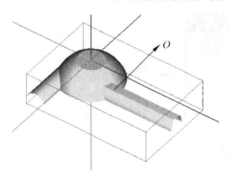
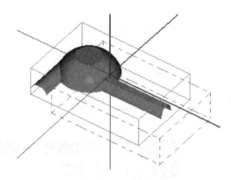

图 6-96　已建立边界盒的图形图　　　图 6-97　移动后的效果图

步骤 4：删除边界盒即可。

2. 加工过程分析

在加工过程中为了控制刀具加工的深度及水平范围，可先在图形的底面绘制一个干涉表面（长度为 220mm，宽度为 150mm，单边各留出 10mm 左右的余量），如图 6-98 所示。此处如果范围的大小不好确定，也可以借用"边界盒"命令，此时 X、Y 方向要扩张"5"mm 左右，读者可以尝试一下。

图 6-98　设置干涉表面的零件曲面

3. 加工方法及步骤

思路分析：以下从工艺分析、刀具的选择、切削参数的选择三个方面进行说明。

(1) 工艺分析。如图 6-92 所示，加工部位是用举升及旋转曲面方式生成的轮廓表面，加工余量较多，不可能一次全部切掉，所以还要留出余量，这样就需要采取多种加工方法。先用挖槽式粗加工方法进行开粗，再用平行铣削精加工方法进行第二次半精加工，最后还要用曲面精加工中的平行铣削精加工方法进行精加工，对于较窄的曲面交界处可采用曲面加工中的精加工方法精加工交线清角，清除曲面间的交角部分残余材料。

(2) 刀具的选择。加工过程中采用的刀具有 ϕ10mm 平铣刀、ϕ8mm、ϕ6mm、ϕ2mm 的球头铣刀。

(3) 切削参数的选择。切削参数的选择如表 6-3 所示。

表 6-3 切削参数的选择

加工步骤		刀具与切削参数			
序号	加工内容	刀具规格		主轴转速 n/min	进给速度 mm/min
		类型	材料		
1	粗加工表面	ϕ10mm 平刀	高速钢	1000	150
2	半精加工表面	ϕ8mm 球刀	高速钢	1000	200
3	精加工表面	ϕ6mm 球刀	高速钢	2000	250
4	交线清角	ϕ2mm 球刀	高速钢	2000	150

加工步骤介绍如下。

1) 用挖槽式粗加工方法粗加工零件

步骤 1：单击"刀具路径"→"工作设定"命令，打开"工作设定"对话框，按图 6-99 所示

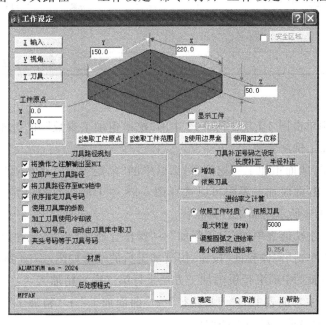

图 6-99 设置毛坯尺寸

进行毛坯尺寸和工作原点的设置（毛坯的大小与工件干涉表面相同，并在高度方向留出了1mm的余量）。

设置好后，下一步就要开始编制刀具路径了。

步骤 2：单击主功能表中的"刀具路径"→"曲面加工"→"粗加工"→"挖槽粗加工"命令，这时系统提示选择曲面。

步骤 3：在打开的主功能表中单击子菜单中的"所有的曲面"命令。

步骤 4：系统打开"曲面粗加工—挖槽"对话框，在刀具列表中单击鼠标右键，系统弹出快捷菜单，在快捷菜单中单击"从刀具库选取刀具"命令。

步骤 5：从刀具库中选取直径为 10mm 的平头铣刀，并设置好刀具参数。

步骤 6：单击"曲面粗加工—挖槽"对话框的"曲面加工参数"选项卡，按图 6-100 所示进行曲面参数的设置，并将半精加工"预留量"设置为"1"mm。

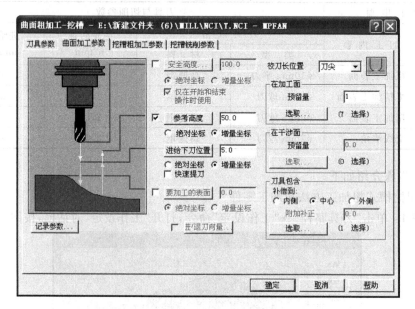

图 6-100　曲面加工参数

步骤 7：分别单击图 6-101、图 6-102 中的"挖槽粗加工参数"和"挖槽铣削参数"选项卡，设置挖槽粗加工铣削参数。

步骤 8：单击"曲面粗加工—挖槽"对话框中的"确定"按钮，系统返回绘图区，按系统提示选择加工界限，此时加工界限可以选择图 6-98 中干涉曲面的边界，系统将按设置的参数生成如图 6-103 所示的加工刀具路径。

步骤 9：单击主功能表中的"刀具路径"→"操作管理"命令，系统弹出"操作管理"对话框，在该对话框中单击"实体验证"按钮，仿真加工后的结果如图 6-104 所示。

2）用曲面精加工中的平行铣削加工方法进行第二次半精加工

步骤 1：单击主功能表中的"刀具路径"→"曲面加工"→"精加工"→"平行铣削"命令。这时系统提示要求选择加工的曲面。

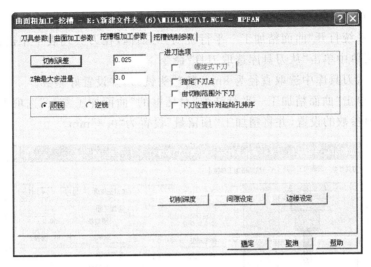

图 6-101 "挖槽粗加工参数"选项卡

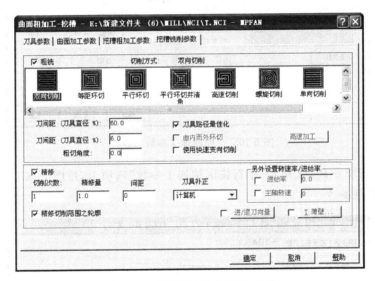

图 6-102 "挖槽铣削参数"选项卡

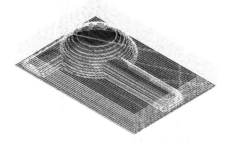

图 6-103 加工刀具路径

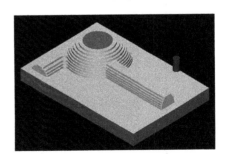

图 6-104 挖槽粗加工结果

步骤 2：在打开的主功能表中单击子菜单中的"所有的曲面"命令。

步骤 3：系统打开"曲面精加工—平行铣削"对话框，在刀具列表中单击鼠标右键，在弹出的快捷菜单中单击"从刀具库选取刀具"命令。

步骤 4：从刀具库中选取直径为 8mm 的球头铣刀，并设置好参数。

步骤 5：单击"曲面精加工—平行铣削"对话框的"曲面加工参数"选项卡，按图 6-105 所示进行曲面参数的设置，并将精加工"预留量"设置为"0.3"mm。

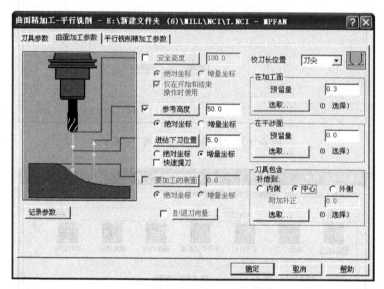

图 6-105 "曲面加工参数"选项卡

步骤 6：在图 6-105 上单击"平行铣削精加工参数"选项卡，按图 6-106 所示设置平行铣削精加工铣削参数。

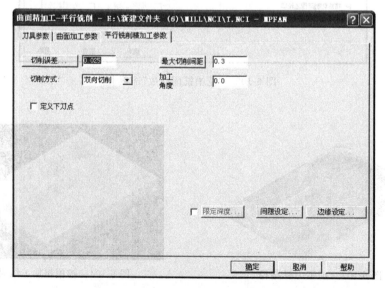

图 6-106 "平行铣削精加工参数"选项卡

步骤 7：单击"曲面精加工—平行铣削"对话框中的"确定"按钮，系统返回绘图区，按系统提示选择加工界限，仍然选取图 6-98 中干涉曲面的边界为加工界限，系统将按设置的参数生成如图 6-107 所示的加工刀具路径。

步骤 8：单击"刀具路径"→"操作管理"命令，在弹出的"操作管理"对话框中单击"实体验证"按钮，仿真加工后的结果如图 6-108 所示。

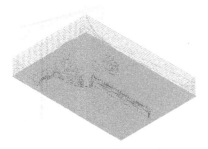   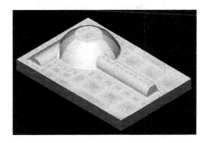

图 6-107　平行铣削精加工刀具路径　　　　图 6-108　平行铣削半精加工结果

3）用平行铣削精加工方法进行第三次精加工

步骤 1：单击主功能表中的"刀具路径"→"曲面加工"→"精加工"→"平行铣削"命令。这时系统提示要求选择加工的曲面。

步骤 2：在打开的主功能表中单击子菜单中的"所有的曲面"命令。

步骤 3：系统打开"曲面精加工—平行铣削"对话框，在刀具列表中单击鼠标右键，在弹出的快捷菜单中单击"从刀具库选取刀具"命令。

步骤 4：从刀具库中选取直径为 6mm 的球头铣刀，并设置好参数。

步骤 5：单击"曲面精加工—平行铣削"对话框的"曲面加工参数"选项卡，按图 6-109 所示进行曲面参数的设置，并将精加工"预留量"设置为"0"mm。

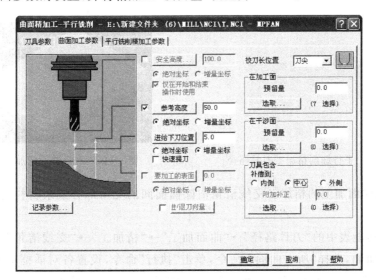

图 6-109　"曲面加工参数"选项卡

步骤 6：在图 6-110 上单击"平行铣削精加工参数"选项卡，按图 6-110 所示设置平行铣削精加工铣削参数。

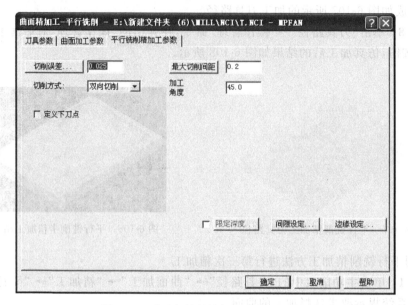

图 6-110 "平行铣削精加工参数"选项卡

步骤 7：单击"曲面精加工—平行铣削"对话框中的"确定"按钮，系统返回绘图区，按系统提示选择加工界限，系统将按设置的参数生成如图 6-111 所示的加工刀具路径。

步骤 8：单击"刀具路径"→"操作管理"命令，在弹出的"操作管理"对话框中单击"实体验证"按钮，仿真加工后的结果如图 6-112 所示。

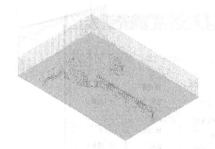 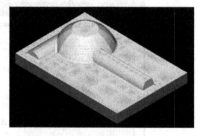

图 6-111 平行铣削精加工刀具路径　　　　图 6-112 平行铣削精加工结果

4）采用曲面加工的精加工交线清角清除曲面间的交角部分残余材料进行第四次精加工

单击主功能表中的"刀具路径"→"曲面加工"→"精加工"→"交线清角"命令，这时系统提示选择曲面，选择"所有曲面"命令，单击"执行"命令，设置各对话框中的参数，然后单击"确定"按钮，选择加工边界，单击菜单中的"执行"命令，效果如图 6-113 所示。

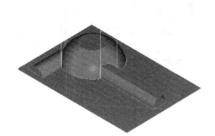 

图 6-113 交线清角精加工图例

4. 后处理

如果该工件在数控铣床上加工，因为不同的工艺需要不同的刀具，后处理时应把每个刀具路径分别后处理，形成相应的 NC 程序；如果该工件在数铣加工中心上进行加工，由于数铣加工中心具有自动换刀功能，因此，所形成的 4 种加工路径可整合为一个加工程序。这里以数控加工中心为例生成程序的步骤介绍如下。

步骤 1：单击主功能表中的"刀具路径"→"操作管理"。出现如图 6-114(a)所示对话框。

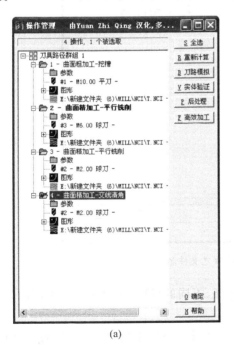 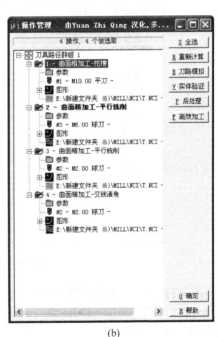

(a)   (b)

图 6-114 "操作管理"对话框

步骤 2：单击"操作管理"对话框中的"全选"按钮，如图 6-114(b)所示。

步骤 3：单击"操作管理"对话框中的"后处理"按钮，出现如图 6-115 所示对话框。

步骤 4：单击"更改后处理程式"按钮，出现如图 6-116 所示对话框。选择第一个文件

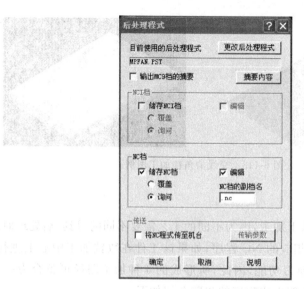

图 6-115 "后处理程式"对话框

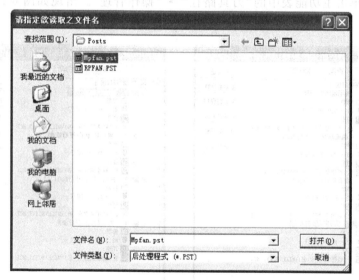

图 6-116 "请指定欲读取之文件名"对话框

（所选择的文件要根据机床所附带文件进行选择，不同的机床，这个文件是不同的），单击"打开"按钮。

步骤 5：界面回到图 6-115 中，击活图 6-115"后处理程式"对话框中的"储存 NC 档"与"编辑"，单击"确定"按钮。出现如图 6-117 所示"请输入 NC 文件名"对话框，要求输入保存 NC 文件的路径，这时可把文件保存在新建的 NC 文件夹中，起名为 T.NC。

步骤 6：单击"保存"按钮，出现如图 6-118 所示文件。这就是数控铣加工中心所需要的 NC 文件，可以将它传输到数铣加工中心进行加工。至此加工全部完成。

图 6-117 "请输入 NC 文件名"对话框

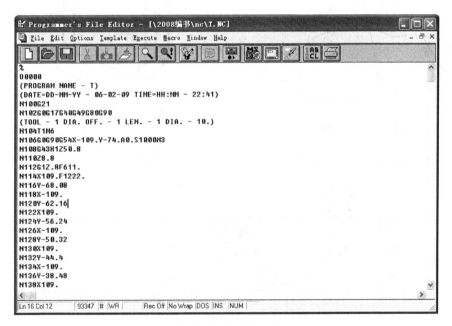

图 6-118 T.NC 文件

本章小结

　　三维加工路径相对二维加工路径复杂，主要用于加工曲面。对于精度要求较高的零件通常需要进行粗精加工。由于零件的形状及种类较多，因此三维加工路径的加工方法也较多。MasterCAM 提供了 8 种粗加工类型和 10 种精加工类型。通过本章的学习读者能熟练掌握各种加工方法的优缺点及适用场合。

综合练习

1. 零件图尺寸如图 6-119 所示，采用合适的加工刀具路径加工工件。
2. 零件图尺寸如图 6-120 所示，采用合适的加工刀具路径加工工件。

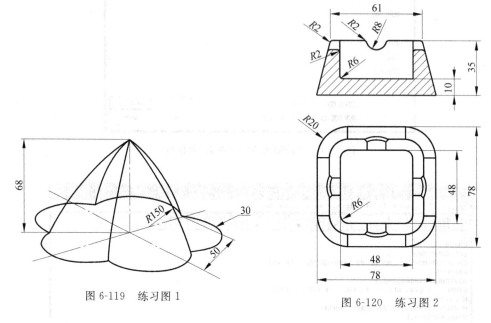

图 6-119　练习图 1　　　　　图 6-120　练习图 2

3. 零件图尺寸如图 6-121 所示，采用合适的加工刀具路径加工工件。

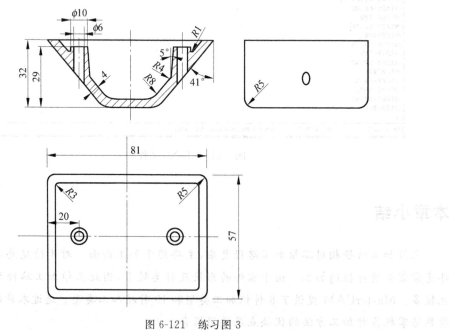

图 6-121　练习图 3

4. 零件图尺寸如图 6-122 所示,采用合适的加工刀具路径加工工件。

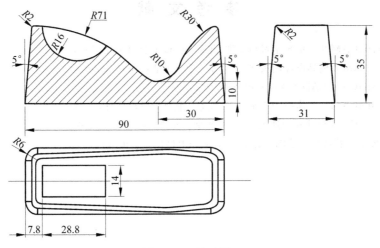

图 6-122 练习图 4

参 考 文 献

1. 吴长德.MasterCAM 9.0系统学习与实训.北京：机械工业出版社,2003
2. 严烈.MasterCAM 8 模具设计超级宝典.北京：冶金工业出版社,2000
3. 孙江宏.MasterCAM CAD/CAM 实用教程.北京：科学出版社,2002
4. 周文成.MasterCAM 8 实体模型应用入门.北京：北京大学出版社,2001
5. 孙祖和.MasterCAM 设计和制造范例解析.北京：机械工业出版社,2003
6. 余雪梅.机械制图及计算机绘图习题集.武汉：华中科技大学出版社,2006